高等职业教育土建类“十四五”规划教材

建筑工程技术专业跟岗实习

JIANZHU GONGCHENG JISHU ZHUANYE GENGANG SHIXI

主　编　杨　宁　沈荣锋
副主编　李　明　陈醒明
　　　　管洪博　赵美霞

华中科技大学出版社
http://press.hust.edu.cn
中国·武汉

图书在版编目(CIP)数据

建筑工程技术专业跟岗实习 / 杨宁，沈荣锋主编. -- 武汉 ：华中科技大学出版社，2024. 8.

ISBN 978-7-5772-0133-7

Ⅰ. TU

中国国家版本馆 CIP 数据核字第 20244Z5K85 号

建筑工程技术专业跟岗实习 杨 宁 沈荣锋 主编

Jianzhu Gongcheng Jishu Zhuanye Gengang Shixi

策划编辑：康 序

责任编辑：李 露

封面设计：孢 子

责任校对：林宇婕

责任监印：周治超

出版发行：华中科技大学出版社(中国·武汉) 电话：(027)81321913

武汉市东湖新技术开发区华工科技园 邮编：430223

录 排：武汉创易图文工作室

印 刷：武汉科源印刷设计有限公司

开 本：787mm×1092mm 1/16

印 张：9.5

字 数：242 千字

版 次：2024 年 8 月第 1 版第 1 次印刷

定 价：45.00 元

前言

Preface

习近平总书记在党的二十大报告中明确指出，深入实施人才强国战略，培养造就大批德才兼备的高素质人才，是国家和民族长远发展大计。而努力培养造就更多大师、卓越工程师、大国工匠、高技能人才，是加快建设国家战略人才力量的重要组成部分。总书记的报告给我们广大的高等教育工作者，尤其是从事职业教育工作的教育者，指出了正确的方向。我们要以深化产教融合为重点，有序有效推进现代职业教育体系建设改革，培养更多高素质技术技能人才、能工巧匠、大国工匠，为加快建设教育强国、科技强国、人才强国奠定坚实基础。因此，高职院校作为培养高素质技能人才的主阵地责任重大。

加强教材建设对高职院校开展职业教育、培养高素质技能人才至关重要。对于建筑工程技术专业学生，岗位能力的提升离不开岗位实习与专业教育的有机融合，因此，进行体现产教融合的跟岗实习，以及建设对应产教融合的跟岗实习教材对于培养学生的岗位能力至关重要。从调研来看，在培养大学生建筑工程技术岗位能力、建筑工程技术实践能力的教材编写方面，已有许多形式多样、内容丰富的成果，但这些成果大多实用性不强，特别对于学生的跟岗实习，缺少系统化、规范化、实战化的指导，难以帮助学生在实习过程中做到有的放矢。市面上出版的为数不多的跟岗实习活页式教材，其内容编排上侧重于理论，通过固定案例指导学生实习，但学生在跟岗实习过程中所参与的实际项目形态迥异，很难做到遐迩一体。因此，部分已出版教材在内容编排上虽然以任务为导向，却无法真正实现活页式教材内容上的“活”，也未在教学过程中将真技能、真思想融入，更未体现校内学习场与校外实践场的双场域融合。为使学生顺利实现“到岗即入岗”，教材编写的重点可在现场真技能和实习活案例上进行突破。

鉴于此，本书在调研跟岗实习现状的基础上，结合作者多年实习指导经验和现场施工经验，以学生为中心，以工作任务为导向，侧重岗位技能增值，构建了岗位技能关键点与跟岗实习活案例的统一体系，将工程思维和施工方法融入，将“立德树人、课程思政”有机融合到教材中，提供了丰富、实用和契合现场施工的实习任务，体现了实习成果的针对性、多样性和灵活性，最终实现教材内容展现“灵活”、教材使用“灵活”，利用学习成果导向法将知识“变活”。

本书共分为十大模块:跟岗实习认知、工程概况认知、建筑工程划分及质量验收、施工场地布置、土方工程施工、桩基工程施工、钢筋工程施工、模板工程施工、混凝土工程施工、砌体工程施工。模块1“跟岗实习认知”重点引导学生理解实习目标和工作岗位职责,做到有的放矢,打好岗课融通基础。模块2至模块10依据现场主要施工内容进行编写,每个模块按“学习情境描述—学习目标—工作任务—工作准备—工作实施—评价反馈—拓展思考题—学习情境相关知识点”的体例进行编写,让学生在结合实习项目完成岗位任务中理解建筑工程施工关键技术点,做到理论与实践的融通,切实提高学生的建筑工程施工能力。

本书编写团队中的老师均为跟岗实习课程的教学教师,具有多年的识岗实习、跟岗实习及顶岗实习指导经验。编写团队中的中国十七冶集团有限公司陈醒明高级工程师作为项目负责人主持过多项大型工程建设,曾荣获2014年度全国工程建设优秀项目经理称号,编写团队中的青岛地质工程勘察院(青岛地质勘查开发局)李明和管洪博工程师,主持承担过许多具有代表性的工程项目,上述人员工程经验丰富,专业技术过硬,参与了教材的开发和建设,为学生的跟岗实习提供了现场和技术支持。

本书的特色在于紧密地将岗位真技能与实习活案例融为一体,教材形式和内容注重“活”,主要体现在:教材内容表述方式“灵活”、信息化资源更新“灵活”、教材内容展现“灵活”、教材内容补充“灵活”、学习收获补充“灵活”、教材使用“灵活”,利用学习成果导向法将知识“变活”。

本书的编写响应了国家的《关于深化现代职业教育体系建设改革的意见》,适应了“以人为本、能力为重、质量为要、守正创新”的时代要求,对于培养大学生的建筑工程技术施工岗位能力具有重要意义,对于提高阅读者的现场施工管理能力具有积极作用。

本书是江苏省高等教育教学改革研究课题(2019JSJG487)、江苏高校“青蓝工程”、中国特色高水平高职专业群教材立项建设的研究成果,是作者多年从事实习指导、深入教学研究的实践总结。本书在编写过程中参考了一些资料,作者在此表示由衷的感谢。

本书可作为高校建筑大类相关专业的企业实习教材,也可为现场施工管理者和个人提供现场施工技术指导。

由于作者水平有限,书中难免存在不足之处,恳请读者、同行、专家批评指正!

编者

2024年8月

目录 Contents

模块1

跟岗实习认知

GENGANG SHIXI RENZHI

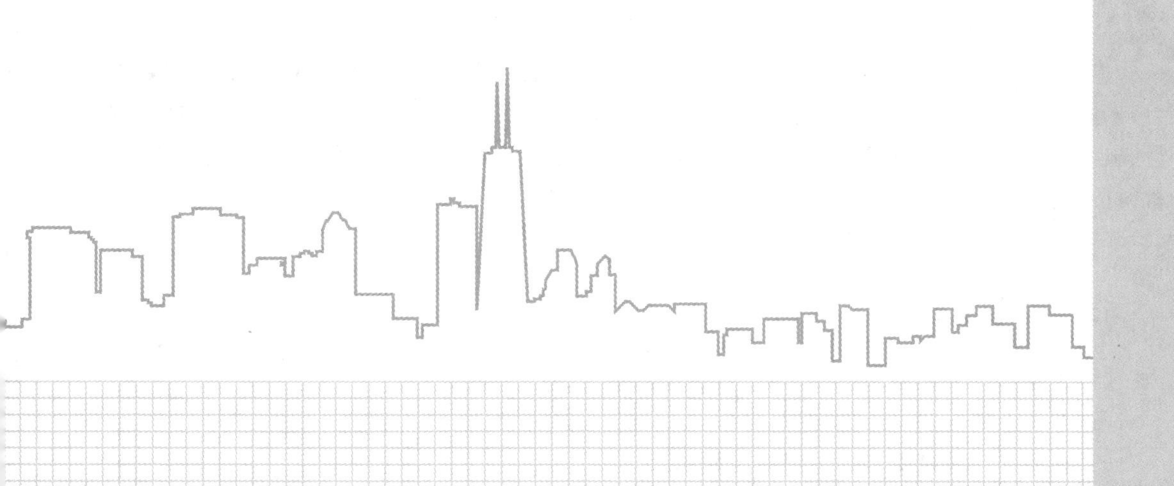

建筑业在我国国民经济发展中起着支柱性作用，是相关行业赖以发展的基础，其为我国的快速发展作出了重要贡献。进入 20 世纪 90 年代，房地产业的兴起、大规模旧城改造及办公楼的兴建，使建筑业得到了空前的发展，使我国的建筑技术也得到了极大提高。在实现社会主义现代化的历程中，建筑业仍有很长的路要走，其仍面临着广阔的市场前景和发展空间。因此，我国建筑业从业人员还有巨大缺口，特别是具有较高施工技术的劳动力人员。

建筑工程技术专业旨在解决我国建筑业高素质劳动力缺口问题，面向施工企业的建造岗位，按照建筑行业发展和区域社会经济建设需求，培养德、智、体、美全面发展，具有娴熟的岗位能力、良好的职业素养、强烈的创新创业意识和高度的社会责任感，能全面掌握建筑施工管理的岗位技能、专业技术和应用知识，了解职业发展和需要，能从事建筑施工建造技术与管理工作的高素质技术技能人才。

跟岗实习是建筑工程技术专业的一门综合技能考核课程，是重要的实践性环节，学生应以施工现场技术管理人员助手的身份到工地实习。通过本课程的实习实践，熟悉将来的工作环境；观察和学习现场技术和管理人员的工作内容、工作方法；同时把学校学到的知识与技能运用到实际工程中。跟岗实习学习内容应根据岗位任务的需要进行选择。因此，跟岗实习前应对建造岗位任务进行分析，明确各建造岗位的具体职责。同时，还应对建筑建造流程进行分解，依据不同施工工序，掌握其施工方法。

1.1 建筑工程技术专业学习目标

建筑工程技术专业人才是思想坚定、德技并修、全面发展，具有良好职业素质和创新能力，掌握建筑工程施工技术、安全管理、材料和质量检测、工程造价等知识，具备建筑识图、测量、施工、管理、造价计算等能力，能从事与建筑施工建造技术与管理相关的施工员、安全员、材料员、质检员、造价员等工作的高素质技术技能人才。

1.1.1 知识目标

(1)掌握建筑工程制图标准、建筑识图和建造构造的基本知识。

(2)了解力学的基本理论知识。

(3)熟悉常用建筑材料的主要技术性质。

(4)了解信息技术、建筑法规等基本理论知识。

(5)掌握主要分部分项工程施工技术知识。

(6)掌握建筑工程计量与计价知识。

(7)掌握建筑工程施工安全管理知识。

(8)熟悉建筑工程施工质量检查与检验知识。

(9)熟悉建筑工程技术资料管理知识。

1.1.2 能力目标

(1)能够进行建筑工程测量与施工放线。
(2)具备绘制建筑工程图纸的能力。
(3)具备编写分部分项工程技术方案和施工措施的能力。
(4)能够向班组进行工作任务、技术措施交底。
(5)具备工程质量检查能力。
(6)能应用信息技术进行工程信息管理。
(7)具备进行施工计算的能力。
(8)能够进行建筑材料和产品取样检测。
(9)具备编制建筑和安装工程计量和计价的能力。
(10)具备进行合同管理、工程索赔的能力。
(11)具备装配式构件设计、安装及装配式结构施工的能力。

1.1.3 素养目标

(1)思想政治素养:具有热爱祖国,拥护中国共产党的领导和党的基本路线,为国家富强和民族昌盛服务的政治思想素质,具有正确的世界观、人生观和价值观。

(2)职业道德和职业素养:具有良好的沟通能力和诚信品质;热爱建筑工程行业,具有较强的敬业精神、责任感和遵纪守法意识,具有勤奋学习、艰苦奋斗、实干创新的精神,有在建筑工程行业生产一线建功立业的志向;具有较好的团队协作能力,具备办公自动化及公文处理能力。

(3)身心素质和人文素养:具有一定的文化艺术修养,具有健全的人格和健康的心理。

1.2 跟岗实习目标

通过跟岗实习熟悉施工现场各岗位职责,结合实际现场学习并掌握施工工艺等,通过跟岗实习应达到以下目标。

1.2.1 知识目标

(1)掌握工程的组成和施工过程。
(2)了解所在工程具体施工方法。
(3)了解项目部的组织机构。
(4)掌握项目管理工作流程。
(5)掌握项目各管理岗位人员职责。

1.2.2 能力目标

(1)掌握实习工程施工的具体方法。
(2)学会检查分部分项工程质量。
(3)学会进行技术交底。

1.2.3 素养目标

(1)服从安排——遵守校规校纪,尊重老师、同学,服从指导老师安排,服从分组内的任务分工安排。

(2)遵章守规——遵守国家和行业规范、标准与图集要求。

(3)具有质量意识——在施工方案中严格控制与工程质量相关的检查与验收内容,掌握施工质量验收规范和规程,严格控制各分部分项工程的验收质量;分析施工技术、施工工艺及工程质量通病的产生原因,总结发生质量事故的一般规律。

(4)具有责任意识——注重项目任务成果的安全性、经济性、合理性、先进性,形成正确的价值追求、价值取向和价值判断。

(5)具有工匠精神——在编制施工方案的过程中,做到工序合理,精益求精,不放过任何可能的瑕疵;严格按照规范规程要求实施,不放过任何一个错误。

(6)艰苦奋斗——不畏困难,不怕失败,乐观向上,服从项目任务安排的时间进度要求,勇于从失败中总结教训、从成功中总结经验;奋勇争先,积极进取,勇于承担组内工作任务,对于课外项目任务,应保质保量按时完成和上交。

(7)具有创新精神——实习期间积极阅读文献资料、技术手册,通过积极讨论发现问题,利用所学知识和技术手段分析问题,拓展思维,解决问题。

(8)具备健全人格——在团队共同完成项目的过程中遵守纪律,不提过分要求;在学习的过程中形成求真、务实、精心、细心、创新、革新的人生态度。

1.3 建造岗位职责分析

1.3.1 技术管理部

(1)负责技术部日常技术管理工作的全面实施。

(2)负责编制工程项目施工组织设计,以及特殊分部分项工程方案,运用全面质量管理、网络计划管理等先进管理方法,科学地组织各项技术措施的实施。

(3)具体负责工程项目的设计交底、图纸会审,并向项目工程技术和管理人员进行技术交底。

(4)具体负责指导按设计图纸、技术标准、施工组织设计、技术措施进行施工,发现问题及时处理解决并上报。

(5)主持参加隐蔽工程验收、质量评定、质量事故的处理等工作。

(6)负责组织与复查工程测量工作,组织原材料、半成品的鉴定检验工作,以及负责配合比设计、焊接等技术控制和计量工作。

(7)配合项目总工程师组织竣工图的绘制及工程档案技术资料的收集、整理和上报工作,主持工程项目的技术总结、工法编制及其他技术管理工作。

(8)负责包括指定分包工程在内的所有施工图设计的协调配合工作。

(9)参加项目经理部组织的质量、安全、生产协调会,并落实相关事宜。

(10)负责包括指定分包工程在内的所有施工图的审核工作。

(11)确定图纸、施工方案、工艺标准并及时下发,指导工程的施工生产。

(12)负责结构预控验算、结构变形监测、工程施工测量和各项试验检测工作。

(13)对工程技术资料进行收集管理,确保施工资料与工程进度同步。

(14)开展以提高工程质量为目的的科学技术研究工作,组织工程项目开展技术攻关工作。结合工程项目施工特点,积极采用先进的施工技术、工艺和材料,积极推广工程质量科研成果。

(15)对施工过程中的有关技术问题负安全责任。

(16)以安全管理全面观点编制审批施工组织设计、施工方案、施工工艺,使安全措施贯穿在施工组织设计、施工方案和施工工艺之中。负责解决施工中的疑难问题,从技术措施上保证施工安全。

(17)会同劳动教育部门编制安全技术教育规划,对职工进行安全技术教育。

(18)参加安全检查,对查出的隐患因素,提出技术改进措施,并检查执行情况。

1.3.2 工程管理部

(1)协助项目领导班子对项目土建、安装、装饰施工进行全过程组织和管理。

(2)参与土建、安装、装饰生产计划的编制和实施,组织建立工程部门的管理体系并维持其正常有效地执行。

(3)具体参与施工组织设计和施工方案的编制,并参加图纸会审和设计交底,组织好土建、装饰施工前的准备活动。

(4)深入施工现场,掌握结构施工的进度、质量及其他情况,做好现场施工目标的过程控制,协调现场各部门、各工种、各工序间的接口和交叉作业。

(5)合理利用资源,优化配置,严格控制成本。

(6)参加项目生产调度会、质量分析会,汇报各专业施工生产情况,协调并解决各专业生产中的各种矛盾和具体问题,布置生产任务,落实会议决定事宜。

(7)负责组织实施对指定分包单位的各项协调、配合、管理工作。

(8)严格执行项目质量计划,负责工程图纸、标准图、规范、标准、施工组织设计和其他技术文件的贯彻执行,对施工进行具体的安排部署,保证各专业工程质量目标的实现。

(9)负责按照规范、标准对施工过程进行严格检验与控制。

(10)负责本部门质量记录的收集整理,做到准确、及时、完整、交圈和可追溯。

(11)遵守项目部安全消防的各项规定和要求。认真学习有关文明施工的各项规定,并向各部门转发。

(12)抓好安全保卫和消防工作。

(13)抓好现场总平面管理工作,使现场物流、人流安全畅通。

1.3.3 质量管理部

(1)负责项目的质量管理工作。

(2)贯彻国家及地区有关工程施工规范、质量标准,确保工程总体质量目标和阶段质量目标的实现。

(3)负责组织编制项目质量计划并监督实施,实现项目质量目标。

(4)负责项目实施过程中工程质量的控制工作,加强各分部分项工程的质量控制,对达不到质量要求的部位行使一票否决权,并及时进行整改。

(5)加强质量检查和监督工作,确保施工质量符合规范要求。

(6)负责工程创优评奖的策划、组织,以及资料准备和日常管理工作。

(7)负责工程的竣工验收备案工作,在自检合格的基础上向业主提交工程质量合格证明书,并提请业主组织工程竣工验收。

(8)负责组织已完成施工项目的验收工作。

1.3.4 安全管理部

(1)建立一个安全、文明、卫生的作业环境,积极消除生产过程中的各种不安全因素,保证合同履行顺利,施工生产正常进行,以及工程外界环境安全。

(2)统筹、协调、管理施工现场安全生产、文明施工工作,及时传达上级公司对安全工作的各项指示。对各承包、分包单位进行进场前的资质审核,确保这些单位具有相应资质的安全管理能力。负责进场前的安全教育工作,对人员登记造册。

(3)负责与各分包单位签订各类协议并存档备查,如安全生产协议、治安防火协议、外来人口管理协议、宿舍卫生管理协议。

(4)参加各类施工组织设计的审核工作,对其中的安全技术措施作出明确规定和建议。避免施工过程中不安全因素的产生,并定期检查各分包单位落实安全技术措施的实际情况,发出书面整改通知和处理意见。

(5)定期组织各分包单位安全员、治保员、生活管理员召开会议,及时传达、通报精神,对平时工作进行讲评,提出书面整改意见。一旦发生问题,按安全生产事故处理规定逐级上报,协助上级进行处理,并跟进“四不放过”原则,处理各类违章现象,并作好记录归档。

(6)落实总承包项目部对各分包单位的文明施工指导工作,并按文明工地的要求责成其对安全、治安、消防、机械与机具管理、材料存放、仓库管理、危险品管理、场容场貌负责。

(7)在项目安全管理经理的领导下,参加每周一次的安全大检查,并做好检查记录。针对查出的问题下发隐患整改通知单,并亲自监督整改。

(8)经常组织安全文明施工及消防工作的宣传活动。

(9)深入现场检查文明施工措施的落实情况,发现不良因素及时纠正,当出现违章时果断采取措施,并对违章指挥、不服从管理、违反文明施工管理规定的施工队(班组)和个人,按照有关规定给予处罚。

(10)发生安全事故时,首先采取应急措施,保护好现场,并立即报告,按照“四不放过”原则督促改进措施的落实。

(11)负责收集整理安全管理资料,及时向上级安全部门汇报本项目经理部安全状况,填报安全统计报表,项目竣工后及时整理上报本项目的安全管理资料。

1.3.5 物资管理部

(1)负责现场设备及材料的规划、采购、收发和存储的管理。

(2)制定物资管理制度,组织制度的评审,检查制度的执行情况,收集制度执行过程中的反馈信息,并不断完善。

(3)配合公司对大宗物资的采购招投标工作。

(4)监督检查施工生产过程中的物资消耗情况,做好物资的消耗统计工作,收集整理物资消耗资料,统计分析各类物资的消耗定额。

(5)加强计算机在物资管理中的应用,推动物资管理的信息化建设。

(6)加强物资系统工作人员的作风监督工作,抓好本系统人员的廉政建设工作。

(7)严格按物资采购程序进行采购,对购入的各类生产材料、设备等产品的质量负责,严把进场物资的质量关,使其性能必须符合国家有关标准、规范和工程设计的质量要求。及时收集、整理采购资料。

(8)组织对工程物资的验证工作,办理书面手续,开展进场物资的报检工作,对检验不合格的物资及时进行封存或退场处理,以防误用。

(9)负责进场物资库存管理,制定库存物资管理办法,做好各类物资的标识工作。

1.4 施工组织设计及施工方案

单位工程施工组织设计:以单位(子单位)工程为主要对象编制的施工组织设计,对单位工程的施工过程起指导和制约作用。单位工程施工组织设计一般是在施工图设计完成后,由工程项目部组织编制的,其是单位工程施工全过程组织、技术、经济的指导文件,并作为编制季度、月、旬施工计划的依据。

施工方案,又称分部(分项)工程施工组织设计或专项施工组织设计:以分部(分项)工程或专项工程为主要对象编制的施工技术与组织方案,用于具体指导施工过程。它是以某些特别重要的、复杂的、缺乏施工经验的分部(分项)工程或冬、雨季施工工程为对象的,专业详尽的施工设计文件。它结合施工单位月、旬施工计划,把单位工程施工组织设计进一步具体化,是专业工程具体的施工组织设计。

常见技术文件如表 1.1 所示。

表 1.1 常见技术文件

序号	技术文件名称
1	桩基施工方案
2	测量施工方案
3	土方工程施工方案
4	地下防水施工方案
5	地下防水砼浇筑施工方案
6	施工现场消防专项方案
7	塔吊防碰撞专项方案
8	临时用电专项方案
9	模板支设施工方案
10	钢筋工程施工方案
11	砌体工程施工方案
12	屋面防水施工方案
13	装修工程施工方案
14	外墙保温工程施工方案
15	门窗工程施工方案
16	季节性施工方案
17	成品保护方案
18	电气工程施工方案
19	给排水工程施工方案
20	消防系统工程施工方案
21	景观绿化工程施工方案

1.5 目标控制

施工目标控制贯穿整个项目施工过程。

1.5.1 控制任务与方法

常见控制任务与方法如表 1.2 所示。

表 1.2 常见控制任务与方法

控制目标	控制任务	方法
进度控制	使施工顺序合理,各工序衔接适当,均衡有节奏地进行施工 实现计划工期,满足合同工期要求	横道图法、网络图法、Project 法
质量控制	使分部分项工程达到质量检验评定标准的要求 实现施工组织设计中保证施工质量的技术组织措施和质量目标,保证合同质量目标的实现	检查对比法、数理统计法、方针目标管理法
成本控制	降低每个分项工程的直接成本 实现项目经理部盈利目标 实现公司利润目标	价值工程法、偏差控制法、估算法
安全控制	实现施工组织设计的安全规划和措施 使人的行为安全 使物的状态安全 控制环境,消除危险源	安全检查表法、因果分析图法、故障树分析法、事件树分析法

1.5.2 项目控制目标的制定程序

项目控制目标的制定程序如图 1.1 所示。

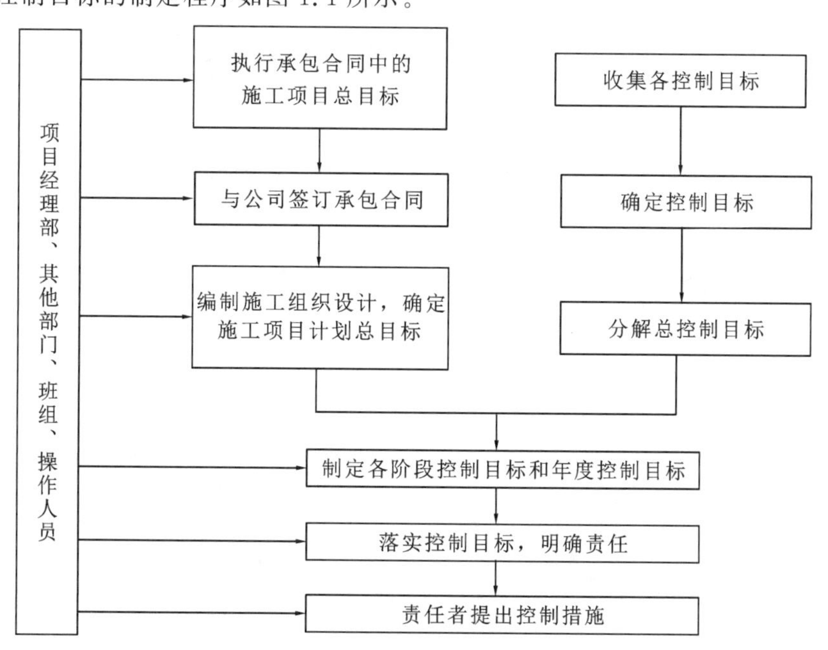

图 1.1 项目控制目标的制定程序

1.5.3 项目目标控制的全过程

项目目标控制的全过程也即施工项目管理的全过程，如图 1.2 所示。

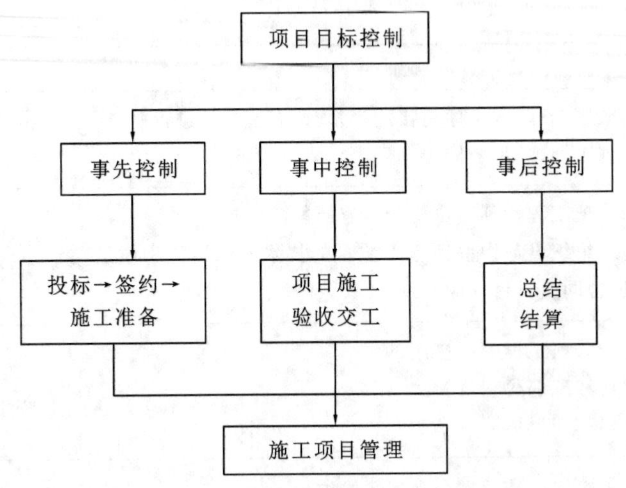

图 1.2 项目目标控制的全过程

模块2

工程概况认知

GONGCHENG GAIKUANG RENZHI

2.1 学习情境描述

依据《房屋建筑制图统一标准》(GB/T 50001—2017)、《建筑制图标准》(GB/T 50104—2010)及《建筑结构制图标准》(GB/T 50105—2010)中有关建筑工程施工图部分的知识对实习项目施工图纸进行识读,掌握建筑图与结构图等的作用、图示内容及识读方法。调查实习项目资料,了解项目实施过程中的质量要求、安全要求及进度要求,对实习项目具有宏观认识。掌握工程概况的识读和填写方法。

2.2 学习目标

(1)能说出建筑图首页的构成及作用。

(2)能说出建筑总平面图的图示内容及作用。

(3)能正确识读建筑结构形式。

(4)能计算某一单体主要实物量。

(5)能说出相关国家规范、标准。

2.3 工作任务

依据实习项目工程图纸及相关资料,完善工程概况基本信息。

2.4 工作准备

(1)阅读实习项目建筑图、结构图,理解图纸内容。

(2)调查实习项目各参建单位、人员信息。

(3)调查实习项目工程目标。

2.5 工作实施

引导问题 1:完善项目总体概况描述。

__________公司投资实施的“__________”工程项目位于______市______区。总投资______万元，建筑面积______m^2，工程主要包括：______、______、______及______。

引导问题2：完善各项目标。

工程质量目标：______________________________。

工程安全目标：______________________________。

环境保护目标：______________________________。

文明施工目标：______________________________。

引导问题3：本工程工期______日历天，其中已包含国家及地方政府规定的节日及公众假日，本工程计划______年______月______日开工，______年______月______日前全部竣工，实际开工日期以监理开工令为准。

引导问题4：建筑图首页一般由______、______、______、______组成。

引导问题5：设计总说明主要说明工程概况和总体要求，内容包括______________________________。

引导问题6：1#楼为______层，檐口标高______m，采用______结构，采用______层地下车库，基础形式为______，建筑地基基础设计等级为______级，桩基设计等级为______级，结构抗震等级为______级，抗震设防烈度为______度。

引导问题7：±0.00以上外墙、分户墙的填充墙采用______砖，采用______砂浆砌筑；±0.000以上其余内墙采用______砌块，采用专用黏结剂（或预拌专用砂浆）砌筑；地下室内填充墙采用______砌块，采用______砂浆砌筑，预拌砂浆具体要求见《预拌砂浆》（GB/T 25181—2019），砌体施工质量控制等级为B级。

引导问题8：对于混凝土环境类别，基础和露天及室内潮湿环境部分为______类，其中，顶板、侧墙混凝土环境类别为______类，室内正常环境结构为______类。

引导问题9：完善参建单位信息，如表2.1所示。

表2.1 参建单位信息

序号	项目	内容
1	工程名称	
2	工程地址	
3	业主单位	
4	设计单位	
5	勘察单位	
6	监理单位	
7	项目总包	

引导问题10:完善工程主要实物量信息,如表2.2所示。

表2.2 工程主要实物量

序号	单位工程	砼(m^3)	钢筋(t)	砌体(m^3)
1	1#楼			
2	2#楼			
3				
4				
5				
合计				

引导问题11:现场场地状况及周边环境情况为____。

引导问题12:请在下面方框中绘制出项目部组织机构图。

引导问题13:现场施工会应用到哪些国家规范、标准?请完善表2.3,至少补充20项。

表2.3 施工主要规范、标准

序号	类别	规范、标准名称	编号
1	国家	工程测量标准	GB 50026—2020
2	国家	地下防水工程质量验收规范	GB 50208—2011
3	国家	混凝土结构工程施工质量验收规范	GB 50204—2015
4	国家	砌体工程施工质量验收规程	DBJ 01—81—2004
5	国家	建筑装饰装修工程质量验收标准	GB 50210—2018
6	国家		
7	国家		
8	国家		
9	国家		
10	国家		

续表

序号	类别	规范、标准名称	编号
11	国家		
12	国家		
13	国家		
14	国家		
15	国家		
16	国家		
17	国家		
18	国家		
19	国家		
20	国家		
21	国家		
22	国家		
23	国家		
24	国家		
25	国家		
26			
27			
28			
29			
30			

2.6 评价反馈

(1)请依据本章任务对学习成果进行自我评价,并将结果填入表2.4。

表2.4 学生自评表

班级: 姓名: 学号:			
学习情境	工程概况认知		
评价项目	评价标准	分值	得分
项目基本信息了解	能正确认知项目规模、建设内容	10	
建筑图识读	能正确识读建筑图,准确理解其作用、内容	15	
结构图识读	能正确识读结构信息,掌握建筑结构形式	15	

续表

评价项目	评价标准	分值	得分
完善工程目标	能正确认知工程质量目标、工程安全目标、环境保护目标、文明施工目标	20	
完善参建单位信息	能说出参建单位及相应资质要求	5	
主要实物量计算	能计算主要楼栋实物量	5	
场地环境分析	能正确分析场地环境对施工的影响	10	
工作态度	态度端正、谦虚好学、认真严谨	5	
工作质量	能按计划完成工作任务	5	
职业素养	能服从安排,具有较强的责任意识和工匠精神	10	
合计		100	

(2)教师根据本章任务对学生学习成果进行综合评价,并将结果填入表2.5。

表2.5 教师综合评价表

班级: 姓名: 学号:					
学习情境		工程概况认知			
评价项目		评价标准		分值	得分
考勤		无无故迟到、早退、旷工现象		10	
工作过程	项目基本信息了解	能正确认知项目规模、建设内容		5	
	建筑图识读	能正确识读建筑图,准确理解其作用、内容		10	
	结构图识读	能正确识读结构信息,掌握建筑结构形式		10	
	完善工程目标	能正确认知工程质量目标、工程安全目标、环境保护目标、文明施工目标		15	
	完善参建单位信息	能说出参建单位及相应资质要求		5	
	主要实物量计算	能计算主要楼栋实物量		5	
	场地环境分析	能正确分析场地环境对施工的影响		5	
	工作态度	态度端正、谦虚好学、认真严谨		5	
	工作质量	能按计划完成工作任务		5	
	职业素养	能服从安排,具有较强的责任意识和工匠精神		5	
项目成果	工作完整	能按时完成任务		5	
	工作规范	工作成果填写规范		5	
	成果展示	能准确汇报工作成果		10	
合计				100	
综合评价		自评(30%)	教师综合评价(70%)	综合得分	

2.7 拓展思考题

(1)识读建筑图时应注意哪些问题?

(2)质量保证措施、安全保证措施、进度保证措施分别有哪些?

(3)现场施工的重点和难点有哪些?

2.8 学习情境相关知识点

知识点1:建筑施工图识读。

建筑施工图包括图纸目录、施工总说明、总平面图、门窗表、建筑平面图、建筑立面图、建筑剖面图和建筑详图等。结构施工图主要表达建筑承重构件的布置,构件的形状、尺寸、材料,以及构件相互间的连接情况等。结构施工图包括结构施工设计说明、结构平面布置图、结构构件详图及结构计算书。设备施工图主要用于表示水、电等设备的布置、走向、安装要求等,由各专业的平面图、系统图和详图组成。

图纸到手后,首先要了解本工程的功能是什么(是车间还是办公楼,是商场还是宿舍楼),了解功能之后,再联想一些基本尺寸和装修风格,例如厕所地面一般会贴地砖、做块料墙裙;厕所、阳台楼地面标高一般会低几厘米;车间的尺寸应满足生产的需要,特别是满足设备安装的需要等。最后识读建筑说明,熟悉工程装修情况。

知识点2:项目经理部的组成及职责。

项目经理部一般设项目经理、总工程师、项目副经理,同时设质量安全部、工程技术部、经营计划部、物资供应部、办公室等。项目经理部由公司任命组建,项目经理部的管理人员主要由参加过类似工程施工的管理人员组成。项目经理部全权代表公司履行与业主签订的施工合同,实施施工全过程管理。

项目经理是企业法定代表人授权委托的项目上的代理人,是项目工期、质量、安全、成本、环境、信息和施工现场文化建设等各项管理工作的第一责任人,主持项目经理部的全面工作。项目经理各阶段的职责如下。

1.施工准备阶段

(1)组建项目经理部。包括按规定设置项目管理机构,选择符合上岗条件或具有上岗资格的项目副经理、总工程师及其他专业技术人员、管理人员。明确各类人员岗位职责和职权,签订聘任合同,确定办公场所及生活设施、通信方式。

(2)以施工合同及相关施工技术文件为依据,以成本为中心,以项目管理目标责任书约定的制造成本为上限,组织编制施工组织总设计、施工总进度计划、制造成本实施计划、资金收支计划、采购计划,批准项目管理总目标、阶段目标和构成项目制造成本的单项预算控制目标,催收工程预付款。

(3)按网络进度计划和单项施工预算控制目标,依照规定程序,组织工程材料招标采购、工程分包采购和劳务分包招标采购等配置生产要素,签订经济合同。

(4)组织工程设备和工程材料按计划进场。

(5)确保公司其他有关通则和有关制度贯彻执行,策划并审批符合公司三标一体化管理体系文件要求的项目管理目标计划,配置满足本项目管理体系有效运行和持续改进的资源。

(6)明确与业主,当地政府有关部门,质量、安全、环境监督机构的沟通方式。以公司代理人身份处理内外部关系。

(7)组织临时设施建设和其他生活条件准备工作。

(8)组织“四通一平”和开工前的其他施工准备工作。

(9)组织进场管理人员和作业人员的劳动纪律教育、“三标”管理体系教育、形象风纪教育。项目经理部应制定管理人员岗位工作职责和工作标准、业务流程、工作纪律和奖罚规定。

(10)组织策划现场的企业文化建设。

2. 施工阶段

(1)组织编报施工图预算,并督促业主审批和令工程款到位。

(2)令项目施工资源实现最佳配置和对其进行有效控制。

(3)组织办理开工报告;依据施工组织总设计,组织编制和实施月施工进度计划、资金收支计划、单位工程成本计划、安全工作计划;执行公司有关的决议和决定,协调处理本项目上的重要事项;及时向公司汇报业主对我方的重要意见和信息。

(4)组织按期考核本部门人员业绩,并按规定同其月收入挂钩;坚持“一支笔”审批制度,控制各项成本,组织成本分析和索赔工作。

(5)向公司足额缴纳约定的费用。

(6)组织实施以劳动定额、材料消耗定额和机械台班定额为依据的全额计件工资制,并与支付其有关费用挂钩。

(7)组织实施事先经公司批准的应对风险的应急预案;组织处理安全事故和工程质量事故。

(8)组织开展现场的企业文化建设、廉政建设和劳动竞赛活动。

(9)组织进行各项信息的收集、分析和处理工作,并及时上传网络。

3. 工程交工阶段

(1)组织办理工程技术竣工和交付手续。

(2)组织编写施工技术总结报告和施工总结报告。

(3)组织工程交工资料的整理和交接工作。

(4)组织工程决算、价款回收和期间债权债务清付,办理合法的债权手续。

(5)向公司申请项目管理目标责任终结考核、审计,以及项目经理部解体等事宜;完成向公司财务部门移交本项目的财务工作。

(6)全面及时地向公司档案主管部门送交符合规定要求的工程资料。

知识点 3:项目总工程师的主要职责和职权。

(1)贯彻执行国家及上级技术政策和本项目采用的技术标准和规范。

(2)负责建立和健全项目技术质量责任制,组织现场人员进行技术教育和质量教育。

(3)组织施工图自审,参与业主组织的图纸会审。

(4)主持编制和实施施工总规划或施工组织总设计。

(5)与业主、监理联系界定单位工程和分部分项工程。组织编制项目质量计划,主持三标一体化管理体系中的质量管理工作。

(6)主持现场计量工作。

(7)负责特殊过程的质量监控和组织处理工程质量问题。

(8)组织编制技术竣工方案。

模块3

建筑工程划分及质量验收

JIANZHU GONGCHENG HUAFEN JI ZHILIANG YANSHOU

3.1 学习情境描述

为了有效保证工程质量，避免不合格的施工项目流向下一工序，一个庞杂的工程项目需要进行层层分解与步步验收。《建筑工程施工质量验收统一标准》(GB 50300—2013)里规定：建筑工程施工质量验收应划分为单位工程、分部工程、分项工程和检验批。检验批是施工项目检查与验收的最小单位。

依据《建筑地基基础工程施工质量验收标准》(GB 50202—2018)、《砌体工程施工质量验收规程》(DBJ 01-81—2004)、《混凝土结构工程施工质量验收规范》(GB 50204—2015)、《地下防水工程质量验收规范》(GB 50208—2011)及《建筑地面工程施工质量验收规范》(GB 50209—2010)等对实习工程进行质量验收，掌握单位工程验收合格标准、分部工程验收合格标准、分项工程验收合格标准及检验批验收合格标准，掌握对现场施工质量进行检查验收的方法。

3.2 学习目标

(1)能对单位工程进行分部工程、分项工程及检验批划分。

(2)能说出建设单位、监理单位、施工单位负责的文件资料。

(3)能说出单位工程、分部工程、分项工程及检验批的验收合格标准。

(4)能填写检验批质量验收记录。

(5)能进行现场质量检查与验收。

3.3 工作任务

对实习项目某一单位工程进行分部工程划分，对主体结构分部工程进行分项工程划分，填写检验批质量验收记录。

3.4 工作准备

(1)阅读实习项目建筑图、结构图，理解图纸内容。

(2)学习分部工程、分项工程及检验批的划分方法。

(3)学习分部工程、分项工程及检验批的验收方法。

3.5 工作实施

引导问题1:分部工程的划分可按________、________确定。建筑工程可分为________、________、________、________、________、________、________、________、________、________等十个分部。

实习项目某一主楼包含的分部工程有________、________、________、________、________、________、________、________、________。

引导问题2:分项工程应按主要________、________、________、________等进行划分。

实习项目某一主楼主体结构分部工程包含的分项工程有________、________、________、________、________、________、________、________、________、________、________、________、________。

引导问题3:分项工程可由一个或若干个检验批组成,检验批可根据________、________和________需要,按________、________、________、________等进行划分。

实习项目某一主楼混凝土分项工程可分为________个检验批。

引导问题4:建设单位负责的文件资料包括________、________、________、________、________、________、________、________等。

监理单位负责的文件资料包括________、________、________、________等。

施工单位负责的文件资料包括________、________、________、________、________、________、________等。

引导问题5:单位工程质量验收合格标准。

(1)____;

(2)____;

(3)____;

(4)____;

(5)____。

引导问题6:分部工程质量验收合格标准。

(1)____;

(2)____;

(3)____;

(4)____。

引导问题7:分项工程质量验收合格标准。

(1)____;

(2)____。

引导问题8:检验批质量验收合格标准。

(1)____;

(2)____。

现场钢筋原材质量验收与现场钢筋绑扎质量验收照片如图3.1、图3.2所示。

图 3.1 现场钢筋原材质量验收

图 3.2 现场钢筋绑扎质量验收

引导问题 9：主控项目指的是建筑工程中对安全、节能、环境保护和主要使用功能起__________作用的检验项目。主控项目中有某一子项或某一抽查样本经检验后达不到要求，则该检验批质量为________。

一般项目是指除主控项目外，对检验批质量________的检验项目。

引导问题 10：请结合实习项目选取某一现浇结构模板安装检验批进行现场验收，并依据现场检查验收结果填写表 3.1，要求取样方法正确，取样数量满足规范要求。请结合实习项目选取某一钢筋连接检验批进行现场验收，并依据现场检查验收结果填写表 3.2，要求取样方法正确，取样数量满足规范要求。

表 3.1 现浇结构模板安装检验批质量验收记录 苏 TJ5.1.1.1

单位(子单位)工程名称		分部(子分部)工程名称		分项工程名称	
施工单位		项目负责人		检验批容量	
分包单位		分包单位项目负责人		检验批部位	
施工依据	《混凝土结构工程》DGJ32/J30—2006	验收依据	设计文件和《混凝土结构工程施工质量验收规范》GB50204—2015		

验收项目			设计要求及规范规定	最小/实际取样数量	检查记录	检查结果
主控项目	1	模板支撑、立柱位置和垫板	安装现浇结构的上层模板及其支架时，下层楼板应具有承受上层荷载的承载能力，或加设支架；上、下层支架的立柱应对准，并铺设垫板	/	下层楼板____承受上层荷载的承载能力，____加设支架；上、下层支架的立柱____对准，____铺设垫板	
	2	避免隔离剂玷污	在涂刷模板隔离剂时，不得玷污钢筋和混凝土接槎处	/	隔离剂____玷污钢筋和混凝土接槎处	
一般项目	1	模板安装的一般要求	模板的接缝不应漏浆，在浇筑混凝土前，木模板应浇水湿润，但模板内不应有积水；模板与混凝土的接触面应清理干净并涂刷隔离剂，但不得采用影响结构性能或妨碍装饰工程施工的隔离剂；浇筑混凝土前，模板内的杂物应清理干净；对于清水混凝土工程及装饰混凝土工程，应使用能达到设计效果的模板	/	模板的接缝____漏浆，木模板____浇水湿润，____积水；模板与混凝土的接触面____清理干净，模板____涂刷隔离剂，隔离剂____影响结构性能，隔离剂____妨碍装饰工程施工；模板内的杂物____清理干净；所用模板____达到设计效果	

续表

<table>
<tr><th colspan="5">验收项目</th><th>设计要求及规范规定</th><th>最小/实际取样数量</th><th>检查记录</th><th>检查结果</th></tr>
<tr><td rowspan="10">一般项目</td><td>2</td><td colspan="3">用作模板的地坪、胎模质量</td><td>用作模板的地坪、胎模应平整光洁，不得产生影响构件质量的下沉、裂缝、起砂或起鼓</td><td>/</td><td>用作模板的地坪、胎模________平整光洁，________影响构件质量的下沉、裂缝、起砂或起鼓</td><td></td></tr>
<tr><td>3</td><td colspan="3">模板起拱高度</td><td>设计起拱要求为________________；对于跨度不小于 4 m 的现浇钢筋混凝土梁、板，当设计无具体要求时，模板起拱高度宜为跨度的 1/1000～3/1000</td><td>/</td><td>梁模板起拱高度为________
板模板起拱高度为________</td><td></td></tr>
<tr><td rowspan="8">4</td><td rowspan="8">预埋件、预留孔等允许偏差</td><td colspan="2">预埋钢板中心线位置(mm)</td><td>3</td><td>/</td><td rowspan="8">选择计数取样方案，按专业验收规范检查记录</td><td rowspan="8"></td></tr>
<tr><td colspan="2">预埋管、预留孔中心线位置(mm)</td><td>3</td><td>/</td></tr>
<tr><td rowspan="2">插筋</td><td>中心线位置(mm)</td><td>5</td><td>/</td></tr>
<tr><td>外露长度(mm)</td><td>+10,0</td><td>/</td></tr>
<tr><td rowspan="2">预埋螺栓</td><td>中心线位置(mm)</td><td>2</td><td>/</td></tr>
<tr><td>外露长度(mm)</td><td>+10,0</td><td>/</td></tr>
<tr><td rowspan="2">预留洞</td><td>中心线位置(mm)</td><td>10</td><td>/</td></tr>
<tr><td>尺寸(mm)</td><td>+10,0</td><td>/</td></tr>
</table>

续表

<table>
<tr><th colspan="5">验收项目</th><th>设计要求及规范规定</th><th>最小/实际取样数量</th><th>检查记录</th><th>检查结果</th></tr>
<tr><td rowspan="8">一般项目</td><td rowspan="8">5</td><td rowspan="8">模板安装允许偏差</td><td colspan="2">轴线位置(mm)</td><td>5</td><td>/</td><td rowspan="8"></td><td rowspan="8"></td></tr>
<tr><td colspan="2">底模上表面标高(mm)</td><td>±5</td><td>/</td></tr>
<tr><td rowspan="2">截面内部尺寸(mm)</td><td>基础</td><td>±10</td><td>/</td></tr>
<tr><td>柱、墙、梁</td><td>+4,−5</td><td>/</td></tr>
<tr><td rowspan="2">层高垂直度(mm)</td><td>不大于5 m</td><td>6</td><td>/</td></tr>
<tr><td>大于5 m</td><td>8</td><td>/</td></tr>
<tr><td colspan="2">相邻两板表面高低差(mm)</td><td>2</td><td>/</td></tr>
<tr><td colspan="2">表面平整度(mm)</td><td>5</td><td>/</td></tr>
<tr><td rowspan="3">住宅工程质量通病控制</td><td>1</td><td colspan="3">模板及支架的承载能力、刚度和稳定性</td><td>模板及支架应根据工程结构形式、荷载大小、地基土类别、施工设备和材料供应情况等条件进行设计。模板及其支架应具有足够的承载能力、刚度和稳定性,能可靠地承受浇筑混凝土的质量、侧压力及施工荷载</td><td>/</td><td></td><td></td></tr>
<tr><td>2</td><td colspan="3">模板的垂直度、标高和平整度</td><td>模板支撑完成后,混凝土浇筑前,应对柱模板的垂直度进行吊线校正,校正模板的标高和平整度,其尺寸应符合设计要求</td><td>/</td><td></td><td></td></tr>
<tr><td>3</td><td colspan="3">对拉螺栓布置</td><td>根据混凝土的侧压力,墙、柱自楼面向上根据施工方案采取下密上疏的原则布置对拉螺栓</td><td>/</td><td></td><td></td></tr>
<tr><td colspan="5">施工单位检查结果</td><td colspan="4">专业工长:
质量员:
年 月 日</td></tr>
<tr><td colspan="5">监理单位验收结论</td><td colspan="4">专业监理工程师:
年 月 日</td></tr>
</table>

江苏省建设工程质量监督总站监制

表 3.2 钢筋连接检验批质量验收记录 苏 TJ5.1.2.2

单位(子单位)工程名称		分部(子分部)工程名称		分项工程名称	
施工单位		项目负责人		检验批容量	
分包单位		分包单位项目负责人		检验批部位	
施工依据	《混凝土结构工程》DGJ32/J30—2006	验收依据	设计文件和《混凝土结构工程施工质量验收规范》GB50204—2015		

验收项目			设计要求及规范规定	最小/实际取样数量	检查记录	检查结果
主控项目	1	纵向受力钢筋的连接方式	纵向受力钢筋的连接方式设计为________	/	现场纵向受力钢筋的连接方式为________	
	2	机械连接和焊接接头的力学性能	在施工现场应按国家现行标准的规定，抽取钢筋机械连接接头、焊接接头试件做力学性能检验，其质量应符合有关规程的规定	/	检测报告编号为________	
一般项目	1	接头位置和数量	钢筋的接头宜设置在受力较小处。同一纵向受力钢筋不宜设置两个或两个以上接头，接头末端至弯起点的距离不应小于钢筋直径的10倍	/	钢筋接头设置在受力________。同一纵向受力钢筋最多设________个接头，接头末端至弯起点的最小距离为________倍钢筋直径	
	2	机械连接和焊接接头的外观质量	在施工现场应按国家现行标准的规定，对钢筋机械连接接头、焊接接头的外观进行检查，其质量应符合有关规程的规定	/	经观察，现场情况为________	
	3	机械连接和焊接接头的面积百分率	当受力钢筋采用机械连接接头或焊接接头时，设置在同一构件内的接头宜相互错开	/	在同一连接区段内，受拉区接头面积百分率最大为________，加密区等强高质量机械接头面积百分率最大为________。动力荷载机械接头面积百分率最大为________。检查记录编号为________	

续表

验收项目			设计要求及规范规定	最小/实际取样数量	检查记录	检查结果
一般项目	4	绑扎搭接接头的面积百分率和搭接长度	同一构件中相邻纵向受力钢筋的绑扎搭接接头宜相互错开	/	绑扎搭接接头中钢筋的横向净距最小为________mm。同一连接区段内，纵向受拉钢筋绑扎搭接接头面积百分率为________；纵向受力钢筋绑扎搭接接头的最小搭接长度为________d。检查记录编号为________	
	5	搭接长度范围内的箍筋	在梁、柱类构件的纵向受力钢筋搭接长度范围内，应按设计要求配置箍筋。当设计无具体要求时，应符合规范规定	/	箍筋直径为________mm，受拉搭接区段内箍筋间距为________mm，受压搭接区段内箍筋间距为________mm，柱筋大于25mm时搭接接头两端面外100mm范围内箍筋间距为________mm。检查记录编号为________	
施工单位检查结果			专业工长： 质量员： 年 月 日			
监理单位验收结论			专业监理工程师： 年 月 日			

江苏省建设工程质量监督总站监制

引导问题11：统一标准给出了当质量不符合要求时的处理方法。一般情况下，不合格现象在最基层的验收单位——检验批中就应被发现并及时处理，否则将影响后续检验批和相关的分项工程、分部工程的验收。因此所有质量隐患必须尽快消灭在萌芽状态，这也是强化验收、促进过程控制原则的体现。当建筑工程质量不符合要求时，应按下列规定进行处理。

(1)____；

(2)____；

(3)____；

(4)____。

3.6 评价反馈

(1)请依据本章任务对学习成果进行自我评价，并将结果填入表3.3。

表 3.3　学生自评表

班级：　　　　　姓名：　　　　　学号：

学习情境	建筑工程划分及质量验收		
评价项目	评价标准	分值	得分
质量验收划分	能正确进行分部工程、分项工程划分，并正确说出实习项目包含哪些分部工程，及某分部工程包含哪些分项工程	25	
资料管理	能正确区分建设单位、监理单位、施工单位负责的文件资料	5	
质量验收标准	能正确说出单位工程、分部工程、分项工程及检验批的验收合格标准	10	
填写检验批质量验收记录	会依据规范对检验批进行取样，能正确进行检验批验收，并能进行检验批质量验收记录的填写	30	
验收不合格处理	能正确说出建筑工程质量验收不合格处理方法	10	
工作态度	态度端正、谦虚好学、认真严谨	5	
工作质量	能按计划完成工作任务	5	
职业素养	能服从安排，具有较强的责任意识和工匠精神	10	
合计		100	

(2)教师根据本章任务对学生学习成果进行综合评价，并将结果填入表 3.4。

表 3.4　教师综合评价表

班级：　　　　　姓名：　　　　　学号：

学习情境		建筑工程划分及质量验收		
评价项目		评价标准	分值	得分
考勤		无无故迟到、早退、旷工现象	10	
工作过程	质量验收划分	能正确进行分部工程、分项工程划分，并正确说出实习项目包含哪些分部工程，及某分部工程包含哪些分项工程	15	
	资料管理	能正确区分建设单位、监理单位、施工单位负责的文件资料	5	
	质量验收标准	能正确说出单位工程、分部工程、分项工程及检验批的验收合格标准	10	
	填写检验批质量验收记录	会依据规范对检验批进行取样，能正确进行检验批验收，并能进行检验批质量验收记录的填写	20	
	验收不合格处理	能正确说出建筑工程质量验收不合格处理方法	5	
	工作态度	态度端正、谦虚好学、认真严谨	5	
	工作质量	能按计划完成工作任务	5	
	职业素养	能服从安排，具有较强的责任意识和工匠精神	5	

续表

评价项目		评价标准		分值	得分
项目成果	工作完整	能按时完成任务		5	
	工作规范	工作成果填写规范		5	
	成果展示	能准确汇报工作成果		10	
合计				100	
综合评价		自评(30%)	教师综合评价(70%)	综合得分	

3.7 拓展思考题

(1)单位工程竣工验收的组织和程序是什么?
(2)分部工程质量验收的组织和程序是什么?
(3)住宅工程质量分户验收的内容是什么?

3.8 学习情境相关知识点

土建部分分部工程、分项工程划分如表3.5所示。

表3.5 土建部分分部工程、分项工程划分

序号	分部工程	子分部工程	分项工程
1	地基与基础	地基	素土、灰土地基,砂和砂石地基,土工合成材料地基,粉煤灰地基,强夯地基,注浆地基,预压地基,砂石桩复合地基,高压旋喷注浆地基,水泥土搅拌桩地基,土和灰土挤密桩复合地基,水泥粉煤灰碎石桩复合地基,夯实水泥土桩复合地基
		基础	无筋扩展基础,钢筋混凝土扩展基础,筏形与箱形基础,钢结构基础,钢管混凝土结构基础,型钢混凝土结构基础,钢筋混凝土预制桩基础,泥浆护壁成孔灌注桩基础,干作业成孔桩基础,长螺旋钻孔压灌桩基础,沉管灌注桩基础,钢桩基础,锚杆静压桩基础,岩石锚杆基础,沉井与沉箱基础
		基坑支护	灌注桩排桩围护墙,板桩围护墙,咬合桩围护墙,型钢水泥土搅拌墙,土钉墙,地下连续墙,水泥土重力式挡墙,复合土钉墙,内支撑,锚杆,与主体结构相结合的基坑支护

续表

序号	分部工程	子分部工程	分项工程
1	地基与基础	地下水控制	降水与排水,回灌
		土方	土方开挖,土方回填,场地平整
		边坡	喷锚支护,挡土墙,边坡开挖
		地下防水	主体结构防水,细部构造防水,特殊施工法结构防水,排水,注浆
2	主体结构	混凝土结构	模板,钢筋,混凝土,预应力结构,现浇结构,装配式结构
		砌体结构	砖砌体,混凝土小型空心砌块砌体,石砌体,配筋砖砌体,填充墙砌体
		钢结构	钢结构焊接,紧固件连接,钢零部件加工,钢构件组装与预拼装,单层钢结构安装,多层及高层钢结构安装,预应力钢索和膜结构安装,压型金属板安装,防腐涂料涂装,防火涂料涂装
		钢管混凝土结构	构件现场拼装,构件安装,钢管焊接,构件连接,钢管内钢筋骨架,混凝土
		型钢混凝土结构	型钢焊接,紧固件连接,型钢与钢筋连接,型钢构件组装与预拼装,型钢安装,模板,混凝土
		铝合金结构	铝合金焊接,紧固件连接,铝合金零部件加工,铝合金构件组装,铝合金构件预拼装,铝合金框架结构安装,铝合金空间网格结构安装,铝合金面板,铝合金幕墙结构安装,防腐处理
		木结构	方木和原木结构,胶合木结构,轻型木结构,木结构防护
3	建筑装饰装修	建筑地面	基层铺设,整体面层铺设,板块面层铺设,木、竹面层铺设
		抹灰	一般抹灰,保温层薄抹灰,装饰抹灰,清水砌体勾缝
		外墙防水	外墙砂浆防水,涂膜防水,透气膜防水
		门窗	木门窗安装,金属门窗安装,塑料门窗安装,特种门安装,门窗玻璃安装
		吊顶	整体面层吊顶,板块面层吊顶,格栅吊顶
		轻质隔墙	板材隔墙,骨架隔墙,活动隔墙,玻璃隔墙
		饰面板	石板安装,陶瓷板安装,木板安装,金属板安装,塑料板安装
		饰面砖	外墙饰面砖粘贴,内墙饰面砖粘贴
		幕墙	玻璃幕墙安装,金属幕墙安装,石材幕墙安装,陶板幕墙安装
		涂饰	水性涂料涂饰,溶剂型涂料涂饰,美术涂饰
		裱糊与软包	裱糊,软包
		细部	橱柜制作与安装,窗帘盒和窗台板制作与安装,门窗套制作与安装,护栏和扶手制作与安装,花饰制作与安装
4	建筑屋面	基层与保护	找坡层和找平层,隔汽层,隔离层,保护层
		保温与隔热	板状材料保温层,纤维材料保温层,喷涂硬泡聚氨酯保温层,现浇泡沫混凝土保温层,种植隔热层,架空隔热层,蓄水隔热层

续表

序号	分部工程	子分部工程	分项工程
4	建筑屋面	防水与密封	卷材防水层，涂膜防水层，复合防水层，接缝密封防水
		瓦面与板面	烧结瓦和混凝土瓦铺装，沥青瓦铺装，金属板铺装，玻璃采光顶铺装
		细部构造	檐口，檐沟和天沟，女儿墙和山墙，水落口，变形缝，伸出屋面管道，屋面出入口，反梁过水孔，设施基座，屋脊，屋顶窗
5	建筑给水、排水及供暖	室内给水系统	给水管道及配件安装，给水设备安装，室内消火栓系统安装，消防喷淋系统安装，防腐，绝热，管道冲洗、消毒，试验与调试
		室内排水系统	排水管道及配件安装，雨水管道及配件安装，防腐，试验与调试
		室内热水系统	管道及配件安装，辅助设备安装，防腐，绝热，试验与调试
		卫生器具	卫生器具安装，卫生器具给水配件安装，卫生器具排水管道安装，试验与调试
		室内供暖系统	管道及配件安装，辅助设备安装，散热器安装，低温热水地板辐射供暖系统安装，电加热供暖系统安装，燃气红外辐射供暖系统安装，热风供暖系统安装，热计量及调控装置安装，试验与调试，防腐，绝热
		室外给水管网	给水管道安装，室外消火栓系统安装，试验与调试
		室外排水管网	排水管道安装，排水管沟与井池，试验与调试
		室外供热管网	管道及配件安装，系统水压试验，系统调试，防腐，绝热，试验与调试
		建筑饮用水供应系统	管道及配件安装，水处理设备及控制设施安装，防腐，绝热，试验与调试
		建筑中水系统及雨水利用系统	建筑中水系统，雨水利用系统管道及配件安装，水处理设备及控制设施安装，防腐，绝热，试验与调试
		游泳池及公共浴池水系统	管道及配件系统安装，水处理设备及控制设施安装，防腐，绝热，试验与调试
		水景喷泉系统	管道系统及配件安装，防腐，绝热，试验与调试
		热源及辅助设备	锅炉安装，辅助设备及管道安装，安全附件安装，换热站安装，防腐，绝热，试验与调试
		检测与控制仪表	检测与控制仪表安装，试验与调试

续表

序号	分部工程	子分部工程	分项工程
6	通风与空调	送风系统	风管与配件制作，部件制作，风管系统安装，风机与空气处理设备安装，风管与设备防腐，旋流风口、岗位送风口、织物（布）风管安装，系统调试
		排风系统	风管与配件制作，部件制作，风管系统安装，风机与空气处理设备安装，风管与设备防腐，吸风罩及其他空气处理设备安装，厨房、卫生间排风系统安装，系统调试
		防排烟系统	风管与配件制作，部件制作，风管系统安装，风机与空气处理设备安装，风管与设备防腐，排烟风阀（口）、常闭正压风口、防火风管安装，系统调试
		除尘系统	风管与配件制作，部件制作，风管系统安装，风机与空气处理设备安装，风管与设备防腐，除尘器与排污设备安装，吸尘罩安装，高温风管绝热，系统调试
		舒适性空调系统	风管与配件制作，部件制作，风管系统安装，风机与空气处理设备安装，风管与设备防腐，组合式空调机组安装，消声器、静电除尘器、换热器、紫外线灭菌器等设备安装，风机盘管、变风量与定风量送风装置、射流喷口等末端设备安装，风管与设备绝热，系统调试
		恒温恒湿空调系统	风管与配件制作，部件制作，风管系统安装，风机与空气处理设备安装，风管与设备防腐，组合式空调机组安装，电加热器、加湿器等设备安装，精密空调机组安装，风管与设备绝热，系统调试
		净化空调系统	风管与配件制作，部件制作，风管系统安装，风机与空气处理设备安装，风管与设备防腐，净化空调机组安装，消声器、静电除尘器、换热器、紫外线灭菌器等设备安装，中、高效过滤器及风机过滤器单元等末端设备清洗与安装，洁净度测试，风管与设备绝热，系统调试
		地下人防通风系统	风管与配件制作，部件制作，风管系统安装，风机与空气处理设备安装，风管与设备防腐，风机与空气处理设备安装，过滤吸收器、防爆波活门、防爆超压排气活门等专用设备安装，系统调试
		真空吸尘系统	风管与配件制作，部件制作，风管系统安装，风机与空气处理设备安装，风管与设备防腐，管道安装，快速接口安装，风机与滤尘设备安装，系统压力试验及调试
		冷凝水系统	管道系统及部件安装，水泵及附属设备安装，管道冲洗，管道、设备防腐，板式热交换器，辐射板及辐射供热，供冷地埋管，热泵机组设备安装，管道、设备绝热，系统压力试验及调试
		空调（冷、热）水系统	管道系统及部件安装，水泵及附属设备安装，管道冲洗，管道、设备防腐，冷却塔与水处理设备安装，防冻伴热设备安装，管道、设备绝热，系统压力试验及调试

续表

序号	分部工程	子分部工程	分项工程
6	通风与空调	冷却水系统	管道系统及部件安装，水泵及附属设备安装，管道冲洗，管道、设备防腐，系统灌水渗漏及排放试验，管道、设备绝热
		土壤源热泵换热系统	管道系统及部件安装，水泵及附属设备安装，管道冲洗，管道、设备防腐，埋地换热系统与管网安装，管道、设备绝热，系统压力试验及调试
		水源热泵换热系统	管道系统及部件安装，水泵及附属设备安装，管道冲洗，管道、设备防腐，系统压力试验及调试，地表水源换热管及管网安装，除垢设备安装，管道、设备绝热，系统压力试验及调试
		蓄能系统	管道系统及部件安装，水泵及附属设备安装，管道冲洗，管道、设备防腐，蓄水罐与蓄冰槽、罐安装，管道、设备绝热，系统压力试验及调试
		压缩式制冷（热）设备系统	制冷机组及附属设备安装，管道、设备防腐，制冷剂管道及部件安装，制冷剂灌注，管道、设备绝热，系统压力试验及调试
		吸收式制冷设备系统	制冷机组及附属设备安装，管道、设备防腐，系统真空试验，溴化锂溶液加灌，蒸汽管道系统安装，燃气或燃油设备安装，管道、设备绝热，试验与调试
		多联机（热泵）系统	室外机组安装，室内机组安装，制冷剂管路连接及控制开关安装，风管安装，冷凝水管道安装，制冷剂灌注，系统压力试验及调试
		太阳能供暖空调系统	太阳能集热器安装，其他辅助能源、换热设备安装，蓄能水箱、管道及配件安装，防腐，绝热，低温热水地板辐射采暖系统安装，系统压力试验及调试
		设备自控系统	温度、压力与流量传感器安装，执行机构安装调试，防排烟系统功能测试，自动控制及系统智能控制软件调试
7	建筑电气	室外电气	变压器、箱式变电所安装，成套配电柜、控制柜（屏、台）和动力、照明配电箱（盘）安装，母线槽安装，梯架、支架、托盘和槽盒安装，电缆敷设，电缆头制作、导线连接和线路绝缘测试，接地装置安装，普通灯具安装，专用灯具安装，建筑照明通电试运行，接地装置安装
		变配电室	变压器、箱式变电所安装，成套配电柜、控制柜（屏、台）和动力、照明配电箱（盘）安装，母线槽安装，梯架、支架、托盘和槽盒安装，电缆敷设，电缆头制作、导线连接和线路绝缘测试，接地装置安装，接地干线敷设

续表

序号	分部工程	子分部工程	分项工程
7	建筑电气	供电干线	电气设备试验和试运行，母线槽安装，梯架、支架、托盘和槽盒安装，导管敷设，电缆敷设，管内穿线和槽盒内敷线，电缆头制作，导线连接和线路绝缘测试，接地干线敷设
		电气动力	成套配电柜、控制柜（屏、台）和动力配电箱（盘）安装，电动机、电加热器及电动执行机构检查接线，电气设备试验和试运行，梯架、支架、托盘和槽盒安装，导管敷设，电缆敷设，管内穿线和槽盒内敷线，电缆头制作，导线连接和线路绝缘测试
		电气照明	成套配电柜、控制柜（屏、台）和照明配电箱（盘）安装，梯架、支架、托盘和槽盒安装，导管敷设，管内穿线和槽盒内敷线，塑料护套线直敷布线，钢索配线，电缆头制作，导线连接和线路绝缘测试，普通灯具安装，专用灯具安装，开关、插座、风扇安装，建筑照明通电试运行
		备用和不间断电源	成套配电柜、控制柜（屏、台）和动力照明配电箱（盘）安装，柴油发电机组安装，不间断电源装置及应急电源装置安装，母线槽安装，导管敷设，电缆敷设，管内穿线和槽盒内敷线，电缆头制作，导线连接和线路绝缘测试，接地装置安装
		防雷与接地	接地装置安装，防雷引下线及接闪器安装，建筑物等电位连接，浪涌保护器安装
8	智能建筑	智能化集成系统	设备安装，软件安装，接口及系统调试，试运行
		信息接入系统	安装场地检查
		用户电话交换系统	线缆敷设，设备安装，软件安装，接口及系统调试，试运行
		信息网络系统	计算机网络设备安装，计算机网络软件安装，网络安全设备安装，网络安全软件安装，系统调试，试运行
		综合布线系统	梯架、托盘、槽盒和导管安装，线缆敷设，机柜、机架、配线架安装，信息插座安装，链路或信道测试，软件安装，系统调试，试运行
		移动通信室内信号覆盖系统	安装场地检查
		卫星通信系统	安装场地检查

续表

序号	分部工程	子分部工程	分项工程
8	智能建筑	有线电视及卫星电视接收系统	梯架、托盘、槽盒和导管安装，线缆敷设，设备安装，软件安装，系统调试，试运行
		公共广播系统	梯架、托盘、槽盒和导管安装，线缆敷设，设备安装，软件安装，系统调试，试运行
		会议系统	梯架、托盘、槽盒和导管安装，线缆敷设，设备安装，软件安装，系统调试，试运行
		信息导引及发布系统	梯架、托盘、槽盒和导管安装，线缆敷设，显示设备安装，机房设备安装，软件安装，系统调试，试运行
		时钟系统	梯架、托盘、槽盒和导管安装，线缆敷设，设备安装，软件安装，系统调试，试运行
		信息化应用系统	梯架、托盘、槽盒和导管安装，线缆敷设，设备安装，软件安装，系统调试，试运行
		建筑设备监控系统	梯架、托盘、槽盒和导管安装，线缆敷设，传感器安装，执行器安装，控制器、箱安装，中央管理工作站和操作分站设备安装，软件安装，系统调试，试运行
		火灾自动报警系统	梯架、托盘、槽盒和导管安装，线缆敷设，探测器类设备安装，控制器类设备安装，其他设备安装，软件安装，系统调试，试运行
		安全技术防范系统	梯架、托盘、槽盒和导管安装，线缆敷设，设备安装，软件安装，系统调试，试运行
		应急响应系统	设备安装，软件安装，系统调试，试运行
		机房	供配电系统，防雷与接地系统，空气调节系统，给水排水系统，综合布线系统，监控与安全防范系统，消防系统，室内装饰装修，电磁屏蔽，系统调试，试运行
		防雷与接地	接地装置，接地线，等电位连接，屏蔽设施，电涌保护器，线缆敷设，系统调试，试运行
9	建筑节能	围护系统节能	墙体节能，幕墙节能，门窗节能，屋面节能，地面节能
		供暖空调设备及管网节能	供暖节能，通风与空调设备节能，空调与供暖系统冷热源节能，空调与供暖系统管网节能

续表

序号	分部工程	子分部工程	分项工程
9	建筑节能	电气动力节能	配电节能，照明节能
		监控系统节能	检测系统节能，控制系统节能
		可再生资源	地源热泵系统节能，太阳能光热系统节能，太阳能光伏节能
10	电梯	电力驱动的曳引式或强制式电梯	设备进场验收，土建交接检验，驱动主机，导轨，门系统，轿厢，对重，安全部件，悬挂装置，随行电缆，补偿装置，电气装置，整机安装验收
		液压电梯	设备进场验收，土建交接检验，液压系统，导轨，门系统，轿厢，对重，安全部件，悬挂装置，随行电缆，电气装置，整机安装验收
		自动扶梯、自动人行道	设备进场验收，土建交接检验，整机安装验收

模块4

施工场地布置

SHIGONG CHANGDI BUZHI

4.1 学习情境描述

施工现场总平面布置合理与否，将直接关系到施工进度并能反映现场安全文明管理水平。因此施工现场总平面布置应做到科学、合理，充分利用原有建筑物、构筑物、道路、管线为施工服务。施工场地布置，包括临时建筑、施工道路、临时用水、临时用电、塔吊及材料堆场等的布置，应了解现场施工场地布置的原则、依据、内容、方法及相应要求，对现场施工场地布置有较深入的认识，掌握施工场地布置的方法。

4.2 学习目标

(1)能说出施工场地布置的依据。

(2)掌握现场施工场地布置的内容。

(3)能正确计算现场临时用电量和正确配备变压器。

(4)掌握塔吊的布置原则。

(5)能进行临时办公用房、生活用房布置。

(6)能对施工生产现场的材料堆场、加工场、施工道路等进行合理布置。

4.3 工作任务

根据实习项目建筑总平面图、结构图、地形图及管网图等，对现场进行施工场地布置。

4.4 工作准备

(1)阅读实习项目建筑总平面图、地形图等，理解图纸内容。

(2)了解施工场地布置的内容、原则和方法等。

(3)调查现场施工机械种类及功率等。

4.5 工作实施

引导问题1:施工场地布置的主要内容有____

____

____。

引导问题2:施工场地布置的依据有____

____

____。

引导问题3:施工场地布置的原则如下(请至少列出6条)。

(1)____;

(2)____;

(3)____;

(4)____;

(5)____;

(6)____;

(7)____;

(8)____;

(9)____;

(10)____。

引导问题4:请调查实习现场临时用房面积、使用时间等信息,然后填写表4.1。

表4.1 临时用房信息

用途	面积(m^2)	位置	使用时间
项目部			
职工宿舍		施工范围外	
木工加工场		施工范围内	
模板堆场			
钢筋加工场			
钢筋及半成品堆场			
仓库			
门卫			

引导问题5如下。

(1)办公区应设置办公用房、停车场、宣传栏、密闭式垃圾容器等设施。

(2)办公用房室内净高不应低于________m。普通办公室每人使用面积不应小于________m^2,会议室使用面积不宜小于________m^2。

(3)办公室、会议室应有天然采光和自然通风,窗地面积比不应小于________,通风开口面积不应小于房间地板面积的________。

(4)生活区、办公区的通道、楼梯处应设置应急疏散、逃生指示标识和________,宿舍内宜设置烟感报警装置。

某项目部办公区照片如图4.1所示。

图4.1 某项目部办公区

引导问题6如下。

(1)宿舍内应保证必要的生活空间,室内净高不应低于________m,通道宽度不应小于________m。宿舍人员人均面积不得小于________m²,每间宿舍居住人数不应超过____________人。

(2)宿舍内应设置单人铺,床铺的搭设不应超过________层。

(3)宿舍内应设置生活用品专柜,宿舍门外宜设置鞋柜或鞋架、垃圾桶。

(4)宿舍应设置可开启外窗,房间的通风开口有效面积不应小于该房间地板面积的________。

引导问题7如下。

根据劳动力投入高峰时工人总数,生活区共布置________栋________层________开间宿舍楼。其中,________#宿舍楼作为工人宿舍,每间板房住________人,能够满足劳动力投入高峰时工人入住要求;__________#板房作为总承包单位管理人员宿舍,每间板房住________人,能够满足管理人员入住要求。

引导问题8如下。

各板房宿舍之间的防火间距为________m,板房宿舍与食堂(厨房操作间)之间的防火间距为________m。临时建筑距有毒害场所、易燃易爆危险物品仓库等危险源的距离不应小于________m。成组布置的临时建筑,每组数量不应超过________幢,幢与幢之间的间距不应小于________m,组与组之间的间距不应小于________m。

根据规范要求,板房宿舍的建筑构件材料燃烧性能等级应为________级。本工程板房宿舍墙体材料拟采用________板材,其燃烧性能等级应为________级,芯材选择________。

每________栋板房宿舍配置________个消火栓,每栋配备________个干粉灭火器。食堂配置________个消火栓,配备________个干粉灭火器。

某项目部生活区照片如图4.2所示。

图4.2 某项目部生活区

引导问题9如下。

临时道路布置要保证车辆等行驶畅通,道路应设有两个以上的进出口,避免与铁路交叉,有回旋余地。施工道路宜呈环形,覆盖整个施工区域,保证各种材料能直接运输到材料堆场,减少倒运,提高工作效率,否则设回车场或避车区域。主干道宽度大于等于________m,宜设置为________m,支干道视现场情况而定,一般设置宽度为________~________m,禁止有小于________m的施工道路,场地内道路、加工区等临时设施的布置应符合《建设工程施工现场消防安全技术规范》(GB 50720—2011)相关规定。

现场主干道宽度为________m,支干道宽度为________m。

请介绍实习现场各阶段施工道路布置情况。

桩基及围护施工阶段:____。

土方开挖施工阶段:____。

地下水施工阶段:____。

主体结构施工阶段:____。

装饰及安装施工阶段:____。

引导问题10:在软土地基上、深基坑影响范围内、城市主干道、流动人员较密集地区及高度超过________m 的围挡应选用彩钢板围挡；施工现场应实行封闭管理，并应采用硬质围挡；市区主要路段的施工现场围挡高度不小于________m。

引导问题 11：现场五图一牌是指________、________、________、________、________和________。

引导问题 12 如下。

现场节能措施有____。

现场节水措施有____。

现场节地措施有____。

现场节材措施有____。

引导问题 13：请完善现场临时用电设备信息，如表 4.2 所示。

表 4.2 现场临时用电设备信息

序号	机械或设备名称	型号规格	数量	产地	新旧程度	额定功率（kW）	生产能力	备注
1	静压桩机							
2	电焊机							
3	污水泵							
4	空压机							
5	施工电梯							
6	塔吊							
7	卷扬机							
8	液压挖掘机							
9	砂浆搅拌机							
10	钢筋除锈机							
11	钢筋调直机							
12	钢筋切断机							
13	钢筋弯曲机							
14	钢筋切割机							
15	钢筋对焊机							
16	钢筋直螺纹套丝机							
17	电焊机							
18	平板振动器							
19	插入式振动器							
20	快速冲击夯							
21	木工三机							

请依据表 4.2 在下框中完成临时用电量计算。

三级配电箱照片如图 4.3 所示。

图 4.3 三级配电箱

引导问题 14 如下。

现场 1# 楼施工采用的塔吊型号为________，塔吊工作幅度为________m，安装高度为

________m,塔吊基础形式为______________________。

任意两台塔式起重机(简称塔机)之间的最小架设距离应符合下列规定。

(1)低位塔式起重机的起重臂端部与另一台塔式起重机的塔身之间的距离不得小于________m。

(2)高位塔式起重机的最低位置的部件(吊钩升至最高点或平衡重的最低部位)与低位塔式起重机中处于最高位置部件之间的垂直距离不得小于________m。相邻塔机高度错开,控制施工进度,合理安排作业。

(3)夜间设置________障碍灯。

(4)建立加节顶升审批制度。

(5)工人之间应相互协调工作。

塔吊基础施工照片如图4.4所示。

图4.4　塔吊基础施工

塔吊安装施工照片如图4.5所示。

图 4.5 塔吊安装施工

塔吊顶升施工照片如图 4.6 所示。

图 4.6 塔吊顶升施工

引导问题 15 如下。

请在下框中绘制施工场地布置简图，内容包含：①生产性施工临时建筑及附属建筑；②生活性施工临时建筑；③施工道路；④临时用水、临时用电、临时通信线路；⑤各施工材料堆场及加工场等。

4.6 评价反馈

(1)请依据本章任务对学习成果进行自我评价,并将结果填入表4.3。

表4.3 学生自评表

班级:	姓名:	学号:	
学习情境	施工场地布置		
评价项目	评价标准	分值	得分
施工场地布置依据	能正确说出现场施工场地布置的依据	10	
施工场地布置内容	能正确说出现场施工场地布置的内容	10	
临时用电	能根据现场施工设备计算临时用电量和正确配备变压器	10	
塔吊布置	能依据塔吊布置原则合理布置塔吊	10	
办公用房和生活用房	能依据现场劳动力情况正确、合理布置办公用房和生活用房	10	
生产现场布置	能对施工生产现场的材料堆场、加工场、施工道路等进行合理布置	30	
工作态度	态度端正、谦虚好学、认真严谨	5	
工作质量	能按计划完成工作任务	5	
职业素养	能服从安排,具有较强的责任意识和工匠精神	10	
合计		100	

(2)教师根据本章任务对学生学习成果进行综合评价,并将结果填入表4.4。

表4.4 教师综合评价表

班级:　　　　姓名:　　　　学号:

<table>
<tr><td colspan="2">学习情境</td><td colspan="3">施工场地布置</td></tr>
<tr><td colspan="2">评价项目</td><td>评价标准</td><td>分值</td><td>得分</td></tr>
<tr><td colspan="2">考勤</td><td>无无故迟到、早退、旷工现象</td><td>10</td><td></td></tr>
<tr><td rowspan="9">工作过程</td><td>施工场地布置依据</td><td>能正确说出现场施工场地布置的依据</td><td>5</td><td></td></tr>
<tr><td>施工场地布置内容</td><td>能正确说出现场施工场地布置的内容</td><td>5</td><td></td></tr>
<tr><td>临时用电</td><td>能根据现场施工设备计算临时用电量和正确配备变压器</td><td>5</td><td></td></tr>
<tr><td>塔吊布置</td><td>能依据塔吊布置原则合理布置塔吊</td><td>10</td><td></td></tr>
<tr><td>办公用房和生活用房</td><td>能依据现场劳动力情况正确、合理布置办公用房和生活用房</td><td>10</td><td></td></tr>
<tr><td>生产现场布置</td><td>能对施工生产现场的材料堆场、加工场、施工道路等进行合理布置</td><td>20</td><td></td></tr>
<tr><td>工作态度</td><td>态度端正、谦虚好学、认真严谨</td><td>5</td><td></td></tr>
<tr><td>工作质量</td><td>能按计划完成工作任务</td><td>5</td><td></td></tr>
<tr><td>职业素养</td><td>能服从安排,具有较强的责任意识和工匠精神</td><td>5</td><td></td></tr>
<tr><td rowspan="3">项目成果</td><td>工作完整</td><td>能按时完成任务</td><td>5</td><td></td></tr>
<tr><td>工作规范</td><td>工作成果填写规范</td><td>5</td><td></td></tr>
<tr><td>成果展示</td><td>能准确汇报工作成果</td><td>10</td><td></td></tr>
<tr><td colspan="3">合计</td><td>100</td><td></td></tr>
<tr><td colspan="2" rowspan="2">综合评价</td><td>自评(30%)</td><td>教师综合评价(70%)</td><td>综合得分</td></tr>
<tr><td></td><td></td><td></td></tr>
</table>

4.7 拓展思考题

(1)在施工现场怎样进行实名制管理?为什么要进行实名制管理?

(2)怎样依据临时用电量选择电缆线?

(3)施工排水、排污怎么做?

4.8 学习情境相关知识点

仓库包括现场施工的工具库、五金配件库、水泥库、水电材料库等库房,不同类型材料应分库储存。仓库应设置门窗和必要的换气设施，地面宜做硬化和排水处理，寒冷地区应有防冻措施。仓库面积计算所需数据参考指标如表 4.5 所示。

表 4.5 仓库面积计算所需数据参考指标

序号	材料名称	单位	储存天数（天）	每 m^2 储存量	堆置高度(m)	仓库类型
1	槽钢、工字钢	t	40～50	0.8～0.9	0.5	露天、堆垛
2	扁钢、角钢	t	40～50	1.2～1.8	1.2	露天、堆垛
3	钢筋(直筋)	t	40～50	1.8～2.4	1.2	露天、堆垛
4	钢筋(盘筋)	t	40～50	0.8～1.2	1.0	仓库或棚
5	薄中厚钢板	t	40～50	4.0～4.5	1.0	仓库或棚、露天、堆垛
6	钢管(直径 200 mm 及以上)	t	40～50	0.5～0.6	1.2	露天、堆垛
7	钢管(直径 200 mm 以下)	t	40～50	0.7～1.0	2.0	露天、堆垛
8	铁皮	t	40～50	2.4	1.0	仓库或棚
9	生铁	t	40～50	5	1.4	露天
10	铸铁管	t	20～30	0.6～0.8	1.2	露天
11	暖气片	t	40～50	0.5	1.5	露天或棚
12	水暖零件	t	20～30	0.7	1.4	仓库或棚
13	五金	t	20～30	1.0	2.2	仓库
14	钢丝绳	t	40～50	0.7	1.0	仓库
15	电线电缆	t	40～50	0.3	2.0	仓库或棚
16	木材	m^3	40～50	0.8	2.0	露天
17	原木	m^3	40～50	0.9	2.0	露天
18	成材	m^3	30～40	0.7	3.0	露天
19	枕木	m^3	20～30	1.0	2.0	露天
20	木门窗	m^2	3～7	30	2	棚
21	木屋架	m^3	3～7	0.3	—	露天
22	灰板条	千根	20～30	5	3.0	棚
23	水泥	t	30～40	1.4	1.5	仓库
24	生石灰(块)	t	20～30	1～1.5	1.5	棚
25	生石灰(袋装)	t	10～20	1～1.3	1.5	棚
26	石膏	t	10～20	1.2～1.7	2.0	棚

续表

序号	材料名称		单位	储存天数（天）	每 m^2 储存量	堆置高度（m）	仓库类型
27	砂、石子（人工堆置）		m^3	10～30	1.2	1.5	露天、堆放
28	砂、石子（机械堆置）		m^3	10～30	1.0	3.0	露天、堆放
29	块石		m^3	10～20	1.0	1.2	露天、堆放
30	耐火砖		t	20～30	2.5	1.8	棚
31	大型砌块		m^3	3～7	0.9	1.5	露天
32	轻质混凝土制品		m^3	3～7	1.1	2	露天
33	玻璃		箱	20～30	6～10	0.8	仓库或棚
34	卷材		卷	20～30	15～24	2.0	仓库
35	沥青		t	20～30	0.8	1.2	露天
36	水泥管、陶土管		t	20～30	0.5	1.5	露天
37	黏土瓦、水泥瓦		千块	10～30	0.25	1.5	露天
38	电石		t	20～30	0.3	1.2	仓库
39	炸药、雷管		t	3～7	0.7	1.0	仓库
40	钢筋混凝土	板	m^3	3～7	0.14～0.24	2.0	露天
		梁、柱	m	3～7	0.12～0.18	1.2	露天
41	钢筋骨架		t	3～7	0.12～0.18	—	露天
42	金属结构		t	3～7	0.16～0.24	—	露天
43	钢件		t	10～20	0.9～1.5	1.5	露天或棚
44	钢门窗		t	10～20	0.65	2	棚
45	模板		m^3	3～7	0.7	—	露天

模块5

土方工程施工

TUFANG GONGCHENG SHIGONG

5.1 学习情境描述

土方工程是建筑工程施工中主要的工种之一，常见土方工程有：场地平整、基坑开挖、岩土爆破、土方回填与夯实等。土方工程的施工质量直接影响基础工程乃至主体结构工程施工的正常运行。依据实习项目，了解土方工程施工的内容、过程、原则及特点，对土方工程有较深入的认识。

5.2 学习目标

(1)能说出土方工程施工具体内容。
(2)掌握土的基本性质。
(3)掌握土方开挖的基本原则和要点。
(4)能判断现场土的类别并合理选择开挖方法和工具。
(5)掌握土方回填的方法和要求。

5.3 工作任务

对实习项目场地情况、地层情况、周边环境等进行分析，做好土方开挖施工组织。

5.4 工作准备

(1)阅读实习项目建筑总平面图、地形图等，理解图纸内容。
(2)了解土方工程施工的内容、原则和方法等。

5.5 工作实施

引导问题1：土方工程施工的具体内容如下。

(1)____；
(2)____；

(3)____;

(4)____;

(5)____。

引导问题 2:土方工程施工特点。

建筑施工一般从土方工程开始,工程量________,施工工期________,劳动强度________且多为露天作业。由于受到________、________、________及________等因素的影响,在施工过程中常常遇到难以确定的因素的制约,施工条件复杂。因此,在土方工程施工前必须做好________、________、________、________、________等资料的收集和详细分析工作,并进行现场勘察,在此基础上根据相关要求,选择好________和________,做好施工组织设计,确保施工________和工程________。

引导问题 3 如下。

土的含水量是指土中所含________与土中________之比,用________表示。土的含水量大小对土方的开挖、土方边坡稳定及回填土夯实等都有一定影响,所以施工前应使土的含水量处于最佳含水量范围之内。

土在自然状态下单位体积的质量称为土的________,单位体积土中固体颗粒的质量称为土的________。

自然状态下的土经开挖后,其体积因松散而增加,经回填夯实,仍不能恢复到原来的体积,这种性质称为土的________,其大小可用________表示。

土的渗透性也称透水性,是指土体被水透过的性质。土体孔隙中的水在________作用下会发生流动,流动速度与土的渗透性有关。渗透性的大小用________表示。

引导问题 4:实习现场开挖土方在自然状态下的体积为________ m^3,假设最初可松性系数为 1.25,每辆土方车可装土 40 m^3,则共需装载________辆土方车。

引导问题 5:现场地质及水文概况。

请填写实习现场地层分布情况及土层性质。

(1)____;

(2)____;

(3)____;

(4)____;

(5)____;

(6)____;

(7)____;

(8)____;

(9)____。

现场水文情况为________________________________。

引导问题 6:土的种类很多,分类方法也较多,如可按________、________、________、________等进行分类。在施工过程中,根据土的开挖难易程度可将土分为________、________、________、________、________、________、________、________等八类。

引导问题 7 如下。

(1)土方工程总体遵循“________、________、________、________”的原则进行开挖。

(2)实习现场土方开挖采用________的方式,主要支护形式为________,坑底保留________厚土层,采用人工清理方式,防止扰动。

引导问题 8 如下。

(1)土方开挖前,由技术负责人召集施工人员及挖机操作人员进行________、________、________交底,每班设专人负责指挥挖机的施工作业。

(2)土方开挖采取大小挖机配合的方法,严格控制________,用水准仪控制好________,严禁________。

(3)土方开挖前须采取降水措施,地下水位应降至开挖面层底部________以下。

(4)土方施工时,边挖边退,因涉及多台挖机同时施工,各挖机间应协调配合,确保工作面均匀展开;土方开挖须分层进行,每层土厚原则上不应大于________m。

(5)边坡土体土质较差,基坑开挖时在坡脚采用________进行压制,以防坡体滑塌。

(6)基坑开挖时应保护好基底土层,开挖至该层时应及时封地,严禁扰动,基坑必须分层均衡开挖,另外基坑周边严禁________。

(7)挖机挖土应避免撞击工程桩,桩体四周土体应________,每台挖机的修边铲平人员不少于 4~5 人,并配备人员跟随挖土进度进行桩顶处理。

(8)基坑土方收底施工方法。

①机械开挖至离设计高度________时,必须采用人工开挖,坑底标高的控制应根据业主提供的基准点,由测量技术人员将水平高度引测到基坑周边较稳定的结构或桩头上,并做好明显的标志。

②基坑不宜超挖,若超挖须采用________填实。

③挖土人员根据测量标记采用固定的量具,将坑底土方修理平整。

④挖土完成后立即进行混凝土垫层的施工,大雨、冰冻天气应视情况决定是否暂停土方开挖工作。

(9)由专业人员负责落实土方外运,办________、________,以及夜间施工等的许可证及手续,并组织协调与交警等的关系,以取得他们对土方施工的支持。

引导问题 9 如下。

常见的基坑支护形式有________、________、________、________等。现场采用的基坑支护形式有________、________等。采用该支护形式的原因是________________。

常见的降水形式有________、________、________等。现场采用的降水形式是________。采用该降水形式的原因是________________。

引导问题 10 如下。

常用土方施工机械有________、________、________、________、________等。现场用到的土方施工机械有________、________、________等。

正铲挖土机的施工特点是“____________,____________”,正铲挖土机的作业方式主要有__________装土法和________装土法。

放坡支护照片如图 5.1 所示,水泥土挡墙支护照片如图 5.2 所示,正铲挖土机照片如图 5.3 所示。

图 5.1　放坡支护

图 5.2　水泥土挡墙支护

图 5.3　正铲挖土机

反铲挖土机的施工特点是“＿＿＿＿＿＿，＿＿＿＿＿＿”，反铲挖土机的作业方式主要有＿＿＿＿＿开挖和＿＿＿＿开挖。

反铲挖土机照片如图 5.4 所示。

图 5.4　反铲挖土机

引导问题11:土方回填相关规定。

(1)回填前应将地下室外墙与围护桩间回落的散土________。

(2)检验回填土的质量有无________,粒径是否符合规定,含水量是否在控制的范围内,如含水量偏高,可采用________、________或________等措施;如含水量偏低,可采用____________等措施。

(3)回填土一次虚铺厚度不得超过________,用铁锹整平,再使用打夯机夯实,每层夯实遍数一般不得少于________遍,并且随压随整平,留踏步槎的部位适当增加压实遍数。

(4)灰土施工时应严格按灰土的配合比(体积比)将土料拌和均匀,土料应过筛拌灰,控制好含水量,方法为:手紧握成团,两指轻捏即碎为宜,如土料中水分含量过大或不足,应________或________后再进行夯实。灰土应拌和均匀,颜色一致,控制措施为:每班施工前必须按比例拌好样品,进行参照拌和施工,当天拌和好的灰土必须________,灰土不得过夜夯实。

(5)回填土每层填土压实后,应按规定进行环刀取样,测出干土的质量密度;达到要求后,再进行上一层的铺土,每次取样时均报监理单位现场监督见证。实习项目压实系数不小于________。

(6)雨期施工:室外回填应连续施工、尽快完成,防止天气突变造成施工困难。如遇雨天,应对施工用土和施工场地进行________,防止造成雨后短期内不能施工。

(7)已填好的土如遭水浸,应________后,方能进行下一道工序。

引导问题12:依据实习项目,完善土方施工机械设备投入表,如表5.1所示。

表5.1 土方施工机械设备投入表

序号	主要机械设备名称	型号	功率	单位	数量	备注
1	水准仪			台		
2	全站仪			台		
3	千斤顶			台		
4	反铲挖土机________m^3			辆		
5	反铲挖土机________m^3			辆		
6	自卸汽车			台		
7	洒水车			台		
8						
9						
10						

引导问题13:请在下面图框中简要绘制出实习项目土方开挖分区图。

引导问题14：依据实习项目，完善土方施工进度计划表，如表5.2所示。

表5.2　土方施工进度计划表

序号	区域	作业内容	开始时间	周期	完成时间	备注
1	示范区	土方开挖				
2	B区	土方开挖				
3	C区	土方开挖				
4	D区	土方开挖				
5	E区	土方开挖				
6	F区	土方开挖				

5.6 评价反馈

(1)请依据本章任务对学习成果进行自我评价，并将结果填入表5.3。

表5.3　学生自评表

班级：　　　姓名：　　　学号：			
学习情境	土方工程施工		
评价项目	评价标准	分值	得分
土方施工内容	能正确说出土方工程具体包含哪些内容	10	
土的基本性质	理解并掌握土的基本性质，能查阅和应用可松性系数进行土方车数量计算	15	
土方开挖基本原则	能掌握土方开挖原则并理解其原理	10	
土方开挖要点	能理解土方开挖要点，并应用于工程中	10	
基坑支护	能说出常见支护形式，并能正确说出实习项目支护形式及其优缺点	10	
土方施工机械	能依据地质情况、土方开挖量等合理选择土方施工机械	10	
施工进度	能正确估算土方开挖进度	5	
土方回填	能掌握土方回填要求	10	

续表

评价项目	评价标准	分值	得分
工作态度	态度端正、谦虚好学、认真严谨	5	
工作质量	能按计划完成工作任务	5	
职业素养	能服从安排，具有较强的责任意识和工匠精神	10	
合计		100	

（2）教师根据本章任务对学生学习成果进行综合评价，并将结果填入表5.4。

表5.4　教师综合评价表

<table>
<tr><td colspan="6">班级：　　　　姓名：　　　　学号：</td></tr>
<tr><td colspan="2">学习情境</td><td colspan="4">土方工程施工</td></tr>
<tr><td colspan="2">评价项目</td><td colspan="2">评价标准</td><td>分值</td><td>得分</td></tr>
<tr><td colspan="2">考勤</td><td colspan="2">无无故迟到、早退、旷工现象</td><td>10</td><td></td></tr>
<tr><td rowspan="11">工作过程</td><td>土方施工内容</td><td colspan="2">能正确说出土方工程具体包含哪些内容</td><td>5</td><td></td></tr>
<tr><td>土的基本性质</td><td colspan="2">理解并掌握土的基本性质，能查阅和应用可松性系数进行土方车数量计算</td><td>10</td><td></td></tr>
<tr><td>土方开挖基本原则</td><td colspan="2">能掌握土方开挖原则并理解其原理</td><td>5</td><td></td></tr>
<tr><td>土方开挖要点</td><td colspan="2">能理解土方开挖要点，并应用于工程中</td><td>10</td><td></td></tr>
<tr><td>基坑支护</td><td colspan="2">能说出常见支护形式，并能正确说出实习项目支护形式及其优缺点</td><td>10</td><td></td></tr>
<tr><td>土方施工机械</td><td colspan="2">能依据地质情况、土方开挖量等合理选择土方施工机械</td><td>5</td><td></td></tr>
<tr><td>施工进度</td><td colspan="2">能正确估算土方开挖进度</td><td>5</td><td></td></tr>
<tr><td>土方回填</td><td colspan="2">能掌握土方回填要求</td><td>5</td><td></td></tr>
<tr><td>工作态度</td><td colspan="2">态度端正、谦虚好学、认真严谨</td><td>5</td><td></td></tr>
<tr><td>工作质量</td><td colspan="2">能按计划完成工作任务</td><td>5</td><td></td></tr>
<tr><td>职业素养</td><td colspan="2">能服从安排，具有较强的责任意识和工匠精神</td><td>5</td><td></td></tr>
<tr><td rowspan="3">项目成果</td><td>工作完整</td><td colspan="2">能按时完成任务</td><td>5</td><td></td></tr>
<tr><td>工作规范</td><td colspan="2">工作成果填写规范</td><td>5</td><td></td></tr>
<tr><td>成果展示</td><td colspan="2">能准确汇报工作成果</td><td>10</td><td></td></tr>
<tr><td colspan="4">合计</td><td>100</td><td></td></tr>
<tr><td colspan="2" rowspan="2">综合评价</td><td>自评（30%）</td><td>教师综合评价（70%）</td><td colspan="2">综合得分</td></tr>
<tr><td></td><td></td><td colspan="2"></td></tr>
</table>

5.7 拓展思考题

(1)怎样应用最终可松性系数对回填土方需求量进行计算?

(2)土方开挖为什么要分层进行?

(3)地下水对土方工程施工有什么影响?

5.8 学习情境相关知识点

知识点1:土方施工与土的级别关系紧密,如果现场开挖土为较松软的黏土、人工填土、粉质黏土等,则要考虑土方边坡的稳定性,如果开挖岩石类土,则施工方法、机械选择、劳动量配置会有不同,土方工程分类如表5.5所示。

表5.5 土方工程分类

土方分类	土的级别	土的名称	密度(kg/m^3)	开挖方法及工具	备注
一类土(松软土)	Ⅰ	砂土;粉土;冲积砂土层;疏松的种植土;淤泥(泥炭)	600~1500	用锹、锄头挖掘,少许用脚蹬	土方工程施工中,按土的开挖难易程度,土方可分为八类,一至四类为土,五至八类为岩石。在选择挖土机械和套用建筑安装工程劳动定额时,要用到土方分类
二类土(普通土)	Ⅱ	粉质黏土;潮湿的黄土;夹有碎石、卵石的砂;粉土混卵(碎)石;种植土;填土	1100~1600	用锹、锄头挖掘,少许用镐翻松	
三类土(坚土)	Ⅲ	软及中等密实黏土;重粉质黏土;砾石土;干黄土、含有碎石或卵石的黄土;粉质黏土;压实的填土	1750~1900	主要用镐,少许用锹、锄头挖掘,部分用撬棍	
四类土(砂砾坚土)	Ⅳ	坚硬密实的黏性土或黄土;含碎石、卵石的中等密实的黏性土或黄土;粗卵石;天然级配砂石;软泥灰岩	1900	整个先用镐、撬棍,后用锹挖掘,部分用楔子及大锤	
五类土(软石)	Ⅴ	硬质黏土;中密的页岩、泥灰岩、白垩土;胶结不紧的砾岩;软石灰岩及贝壳石灰岩	1100~2700	用镐或撬棍、大锤挖掘,部分使用爆破方法	
六类土(次坚石)	Ⅵ	泥岩;砂岩;砾岩;坚实的页岩、泥灰岩;密实的石灰岩;风化花岗岩;片麻岩及正长岩	2200~2900	用爆破方法开挖,部分用风镐	

续表

土方分类	土的级别	土的名称	密度（kg/m³）	开挖方法及工具	备注
七类土（坚石）	Ⅶ	大理岩；辉绿岩；玢岩；粗、中粒花岗岩；坚实的白云岩、砂岩、砾岩、片麻岩、石灰岩；微风化安山岩；玄武岩	2500～3100	用爆破方法开挖	
八类土（特坚土）	Ⅷ	安山岩；玄武岩；花岗片麻岩；坚实的细粒花岗岩、闪长岩、石英岩、辉长岩、角闪岩、玢岩、辉绿岩	2700～3300	用爆破方法开挖	

知识点 2：土的可松性与土的类别和密实状态有关，最初可松性系数 K_s 用于确定土的运输量、挖土机械的数量及留设堆土场地的大小，最终可松性系数 K'_s 用于确定回填土、弃土及场地的平整方法，各类土的可松性系数如表 5.6 所示。

表 5.6　各类土的可松性系数

土方分类	K_s	K'_s
一类土	1.08～1.17	1.01～1.03
二类土	1.14～1.28	1.02～1.05
三类土	1.24～1.30	1.04～1.07
四类土	1.26～1.32	1.06～1.09
五类土	1.30～1.45	1.10～1.20
六类土	1.30～1.45	1.10～1.20
七类土	1.30～1.45	1.10～1.20
八类土	1.45～1.50	1.20～1.30

模块6

桩基工程施工

ZHUANGJI GONGCHENG SHIGONG

6.1 学习情境描述

天然地基上的浅基础沉降量过大或基础稳定性不能满足建筑物的要求时，常采用桩基础，桩基础由桩和承台组成，属于深基础形式之一。目前桩基础的应用已十分广泛，特别对于软土地区，绝大多数工程均采用桩基础。桩基础的施工质量直接影响基础工程乃至主体结构工程安全。依据实习项目，了解桩基工程施工过程、要求及特点，对桩基工程有较深入的认识。

6.2 学习目标

(1)能掌握桩基础类型及受力特点。

(2)能检查桩质量，掌握静压桩施工技术要求、施工过程。

(3)能掌握灌注桩施工技术要求、施工过程。

(4)能掌握深搅桩施工技术要求、施工过程。

6.3 工作任务

依据实习项目工程图纸及相关资料，做好现场桩基工程施工组织。

6.4 工作准备

(1)阅读实习项目建筑图、结构图等，理解图纸内容。

(2)了解不同桩基工程施工工艺流程。

(3)熟悉各桩基施工机械。

6.5 工作实施

引导问题1：按桩的受力情况不同，桩基础可分为________和________，摩擦型桩是指桩顶荷载全部由________或主要由________和________共同承担，端承桩是由桩的________

____承担全部或主要荷载,桩尖插入________或________。

引导问题 2:按桩的施工方法不同,桩基础可分为________和________;按成桩方式不同,桩基础可分为挤土桩、________和________。

引导问题 3:桩外观质量验收。

(1)对每车进场的桩,根据随车携带的产品________,核对________,检查桩规格、长度是否相符。

(2)局部粘皮和麻面累计面积不大于总外表面积的________;每处粘皮和麻面的深度不大于________mm,且应修补。

(3)桩身合缝漏浆深度不大于________mm,每处漏浆长度不大于________mm,累计长度不大于桩长度的________,或对称漏浆的搭接长度不大于________mm,且应修补。局部磕损深度不大于________mm,每处面积不大于________cm^2,且应修补。

桩身漏浆照片如图 6.1 所示。

图 6.1 桩身漏浆

(4)内外表面不允许露筋,表面不得出现________和________裂缝,但龟裂、水纹和内壁浮浆层中的收缩裂纹不在此限。内表面混凝土不允许出现塌落现象。

(5)桩的堆放场地________、________,垫木与吊点的位置应相同,并保持在同一平面上。各层垫木应上下对齐,最下层的垫木适当加宽,桩尽量堆放在桩架附近,原则上按照沉桩顺序堆放,桩按不同型号分别堆放。

(6)堆放层数一般不宜超过________层。叠堆二层以上时,各级支垫应在同一直线上,支垫在________处,要用止动楔块。

引导问题 4:调查静压桩施工机械设备,根据实习项目填写表 6.1。

表 6.1 主要施工机械设备清单

序号	设备名称	型　　号	数量	备　注
1	静力压桩机 1			
2	静力压桩机 2			
3	CO_2 气体保护焊机			
4	全站仪			
5	经纬仪			
6	水准仪			
7	挖土机			

引导问题 5：静压桩施工技术要求。

(1)桩身的混凝土必须达到设计强度的________%后才可沉桩。

(2)根据工程具体情况，单体角桩控制点不少于________个，要进行有效保护，并在施工前进行复测。水准点引测至场地内，其基轴线水准点位置应置于压桩影响范围以外，予以保护并每天复测。

(3)压桩前，根据工程情况制定合理的压桩顺序，减少挤土效应，施工时按照压桩顺序组织施工。压桩前在每节单桩桩身上划出以米为单位的长度标记，以便观察桩的入土深度及记录对应压力值，并通过实地高程测量，在送桩器上做好最后 1m 及最终送桩深度标记，通过水准仪配合控制。在压桩开始阶段，压桩速度不能过快，应根据地质报告显示的土质情况选择压桩速度，一般以________m/min 速度为宜。在初期________m 的压桩范围内应重点观察控制桩身、机架垂直度，垂直度控制应重点放在第一节桩上，垂直度偏差不得超过桩长的________。在压桩过程中需要经常观测桩身是否发生位移、偏移等情况并做好过程记录，并详细记录每入土 1m 时压力表的压力值。压桩前最好将地表下的障碍物探明并清除干净，以免桩身移位倾斜。吊起桩压入时，垂直度及平面位移必须严格控制，当桩的初始位移超过________mm 时，应及时拔出，采取措施后再重新定位。桩刚插入时应用缸体和桩的自重自行压入，保证桩的垂直度、平面位移准确，待桩的垂直度得到正确调整、稳定后，再进行连续施压。沉桩应力求连续施工，尽量减少中间停歇时间。

(4)吊桩后须保证“三点一线”才能施压，即________、________或________应和桩身呈一铅垂线，垂直度偏差不得超过________，采用经纬仪控制垂直度。

(5)压桩应力求连续施工，沉桩前应清除地下障碍物，发现桩身倾斜应拔起重压。沉桩过程中，出现压力异常，桩身倾斜、位移，桩身或桩顶破损等异常情况时，应________，待查明原因并进行必要的处理后，方可继续进行施工。

(6)将首节管桩压至桩头距地面________m 左右高度时停止压桩，开始进行接桩作业。接桩前将上下桩端头板用________清除浮锈及泥污，然后下放桩身进行对桩。上下两节端头板对齐并初步调整垂直后，采用手工电弧焊在坡口周围点焊 4～6 点，然后再次进行垂直度的调整，若端头板间隙过大，应加塞________。为减少焊接变形引起的节点弯曲，焊接时由两名工人对称施焊，焊接层数不少于________层，且焊缝应均匀饱满(焊缝与坡口相平)。

焊接完成后，自然冷却________min 以上，然后刷涂一层沥青防腐漆，再继续压桩。如果有多节管桩，重复以上工序即可。桩的拼接采用二氧化碳气体保护焊，选用合格的______；预埋铁件表面应保持________，接桩时依靠定位板将上下桩接直，焊缝应连续饱满，满足三级焊接要求，做到焊面光洁，接口焊接前，须用两台经纬仪进行找正调直，对口错边应小于________mm。第一层焊接时应将法兰盘对接根部焊透，焊丝外延长度为16～20mm，焊缝接头的连接，应在沿焊接的方向超前15～20mm处引弧，然后再回到接头处进行正常施焊。

(7)焊机上的电流表、电压表要定期进行校核，保证使用时________、________，施焊时两台电焊机同时工作，先将四点________固定，然后对称焊接，避免焊接变形，两节桩焊接后，应检查焊缝________。

(8)完成焊缝外观允许偏差表，如表6.2所示；完成接桩拼缝允许偏差表，如表6.3所示。

表6.2 焊缝外观允许偏差表

项目	允许偏差
上下节桩错口	
咬边深度(焊缝)	
加强层高度(焊缝)	
加强层宽度(焊缝)	

表6.3 接桩拼缝允许偏差表

项目	允许偏差
桩身弯曲度	
管桩两端板之间间隙	
点焊高度	
接缝错位	

(9)接桩时上下节桩的中心线偏差不得大于2 mm，节点弯曲矢高不得大于桩长的________，且不大于________mm。

(10)根据规范及设计要求，本工程以桩顶标高控制为主，压力为辅，桩顶标高允许偏差为________～________mm，采用水准仪控制桩顶标高。

(11)做好每道焊缝的自检和互检工作，并填写好焊接隐蔽记录，经________和________确认合格后，方可压入隐蔽。

(12)接桩焊接时，应对称进行环缝焊接，以减少焊接变形，正确掌握焊接电流和施焊速度，每层焊接厚度应均匀，每层间的焊渣必须清理干净后方能再焊下一层，坡口槽必须满焊，焊缝高度宜高出坡口________mm，焊缝必须每层检查，焊缝不宜有________、________等缺陷。

(13)每道焊缝焊好后，按照国家标准等待必要的冷却时间，并由桩机负责人对其进行拍照，每个接头处至少两张照片，并存交项目部留档，再进行压入作业。

(14)用钢卷尺在送桩管上量出送桩长度，标出明显标记，由专人利用水准仪控制桩顶标高，至桩顶标高立即吹哨示停，操作人员听到哨声后立即停压。

(15)当桩顶设计标高较自然地面低时必须进行送桩。送桩时选用的________的外形尺寸要与所压桩的外形尺寸相匹配,并且要有足够的________和________。送桩时,送桩器的轴线要与________相吻合。根据测定的局部地面标高,在送桩器上要事先标出送桩深度,通过现场的水准仪进行跟踪观测,准确地将送桩送至设计标高。同时在送桩器上要标出最后________m 的位置线,详细记录最终压力值。

当管桩露出地面或未能送到设计桩顶标高时,需要截桩。截桩要求必须用专门的________,严禁用大锤横向敲击、冲撞。

静压桩施工现场照片如图 6.2 所示。静压桩焊接照片如图 6.3 所示。

图 6.2　静压桩施工现场

图 6.3　静压桩焊接

引导问题6:请结合实习项目完善如下灌注桩工程质量要求。

(1)桩身砼强度等级水平要求为________,施工时根据《建筑地基基础设计规范》(GB 50007—2011)要求,提高________配制。

(2)桩身必须达到设计规定的深度,桩长误差允许值为________~________mm,不允许出现负偏差,孔底沉渣厚度应不大于________mm。

(3)钢筋笼制作的允许偏差合格率达到设计及规范要求,钢筋笼定位偏差小于____________;主筋保护层厚度为________;采用单面搭接焊,搭接长度不小于________;钢筋笼的制作、安装遵守__________________________的规定。

(4)单桩实际灌注的混凝土量均须大于理论计算量,充盈系数大于________,但不宜大于________,充盈系数按大于________控制。

(5)桩位偏差:群桩基础的中间桩偏差不大于________,且不大于________;群桩基础的边桩偏差不大于________,且不大于________;成孔垂直度偏差________桩长。

(6)相邻桩施工安全距离不宜小于________倍的桩径或间隔时间不得少于________小时。

(7)桩顶的砼强度均须符合设计要求,桩顶砼超灌高度符合设计及规范要求。

(8)每批钢筋运送到工地时,应该对每一型号钢筋选足够的样本进行__________及____________试验,原材料试验报告、钢材焊接报告必须满足规范要求,方能投入使用。

(9)单根桩试块强度达到设计强度等级要求,全部试块的强度应满足按________方法计算后的各项质量指标。

(10)若现场灌注桩进行后注浆,请完成如下填写。

注浆用水泥采用________级新鲜普通硅酸盐水泥,注浆水灰比________,每根桩水泥用量为________t。在灌注桩身混凝土前,先预埋________的注浆(钢)管,注浆管采用丝扣连接,使注浆管插入桩孔底部________以上,待桩身混凝土初凝后用高压水开塞,一周后开始注浆,注浆压力控制在________MPa。

灌注桩钢筋笼照片如图6.4所示。

图6.4 灌注桩钢筋笼

引导问题7:请选择现场某一单体完成表6.4所示的灌注桩工程量统计。

表6.4 某单体灌注桩工作量统计

楼号	编号	桩径	有效桩长(m)	桩数(根)	混凝土方量(m^3)	桩顶标高(m)	承载力特征值	备注

引导问题8:请根据现场情况统计灌注桩施工机械设备,完成表6.5。

表6.5 主要施工机械设备清单

序号	设备名称	型号	数量	备注
1	工程钻机			
2	泥浆泵			
3	电焊机			
4	排浆车			
5	污水泵			
6	空压机			
7	泥浆性能测定仪			
8	坍落度测定仪			
9	全站仪			

引导问题9:灌注桩施工准备。

(1)安排机械设备进场后,做好施工场地照明、设备安装工作及施工人员生活安排,待接到________通知、________交底后即可投入施工运行。

(2)进场前必须组织全体人员认真学习施工组织设计,进行________交底,使每位施工人员做到对工程的总体要求明确,对本岗位的职责、质量要求和技术要求有深刻的了解。

(3)根据设计院提供的施工图纸,组织技术和施工人员进行________,将________结果报送设计院组织设计交底。

引导问题10:灌注桩测量定位及护筒埋设。

(1)设置、复核测量基准线、水准基点,提交________批准,经核准认可后,方可进行测量定位和护筒埋设。

(2)测量复核好的桩位、轴线等要做好明显的________并加以保护。

(3)护筒埋设时,采用“中点校正尺”确保其中心与桩位中心的允许偏差不大于________mm,并应保持垂直,护筒应埋设至原土层。

(4)护筒埋设深度一般为________~________m;若填土较厚,则应将护筒埋入新鲜土层________cm以上,并在护筒周围用黏土分层夯实。

(5)护筒采用钢板卷制,有足够的刚度且护筒内径比桩身设计直径大________mm。

(6)在固定护筒前,应进行复核,确保偏差在允许范围内。

引导问题 11:灌注桩成孔施工。

(1)为保证合理的桩径和桩形,获得较大的桩基承载力,并避免出现孔斜超差和缩径现象,成孔过程中采用如下技术保证措施:开钻时轻压慢转以保持钻具的导向性和稳定性,确保钻孔的________,进尺后根据地层变化和钻进深度增加,适时调整钻进参数,常规技术参数如下:对于粉性土、黏性土,钻压________kPa,转速________r/min,泵量________m^3/h;对于砂土,钻压________kPa,转速________r/min,泵量________m^3/h。

(2)应特别注意淤泥质地层及砂层的钻进,合理调整泥浆性能,并在成孔过程中分地层经常检测泥浆性能,防止出现缩径或坍孔现象。成孔过程中,注入孔口的泥浆应满足下列要求:泥浆密度≤________,漏斗黏度________,对排出孔口泥浆,泥浆密度≤________,漏斗黏度________。

(3)加接钻杆时应先将钻具提离孔底,待泥浆循环________分钟后再加接钻杆。

(4)在混凝土灌注完毕的邻桩旁成孔施工时,安全距离不宜小于________倍桩径或最小施工时间间隔不小于________小时。

(5)成孔________、________、________均须满足设计及规范要求,经检测合格后方可进入下道工序。

(6)钻进过程中,应及时做好施工原始记录。

(7)孔底沉渣控制。成孔时控制好泥浆各性能参数,不定期进行检测,按照施工要求及时调整泥浆性能指标。根据地层特点,合理控制钻进速度,以利排渣。坚持"一次清孔为主,二次清孔为辅"的清孔排渣原则,切实做好第一次清孔换浆工作,第一次清孔以孔口没有泥块返出为止。

泥浆护壁成孔照片如图 6.5 所示。

图 6.5 泥浆护壁成孔

引导问题 12：灌注桩钢筋笼制作和吊放。

(1)钢筋的规格和质量应符合设计与《建筑桩基技术规范》(JGJ94—2008)要求，并进行现场验收，禁止使用________或________的钢材。

(2)主筋采用电焊单面搭接，开工前必须进行接头试焊，并以 300 个接头为一组进行________、________试验，确认合格后可正常生产。焊接要求：宽度为________d，厚度为________d，焊接长度(单面焊)为________d(d 为钢筋直径)。

(3)钢筋笼采用箍筋成型法分段制作，主筋接头间距为________m，且同一截面上的接头数不大于________%。成型钢筋应保证平直不坍腰，焊点采用梅花点焊，焊点不少于________%。

(4)钢筋笼的制作偏差应达到下列标准：主筋间距≤________mm，箍筋间距≤________mm，钢筋笼直径≤________mm，螺旋筋间距≤________mm，钢筋笼长度≤________mm。

(5)成型钢筋笼由制作者按规范、设计要求自检后，经________会同总承包单位、监理等验收，并将结果记入专用验收表，钢筋笼经验收合格后，方可下入孔内，严禁不合格的钢筋笼下入孔内。

(6)成型的钢筋笼应平卧堆放在平整、干净的地面上，堆放层数不应超过________层。

(7)吊放过程必须轻提缓放，若下放遇阻应________，查明原因进行相应处理后再行下放，严禁令钢筋笼高起猛落，或将其强行下放，钢筋保护块每道设________块，每道间距为________m 左右。

(8)为确保钢筋笼的定位准确，采用 2 根 C14 钢筋制作的吊筋进行定位，防止砼灌注时钢筋笼上浮或窜落，根据不同的桩顶和地面标高确定钢管定位孔和吊筋长度。

灌注桩下放钢筋笼照片如图 6.6 所示。

图 6.6　灌注桩下放钢筋笼

引导问题 13：二次清孔及水下混凝土灌注。

要求二次清孔时输入孔内的泥浆比重控制在________以下，排出孔口的泥浆比重控制在________以下，清孔后沉渣厚度不大于________mm，孔底沉渣的厚度用标准测绳测定，清孔后必须进行检测，达到要求后方可实施下一道工序。清孔结束前，请有关人员对________、________、________等项目指标进行验收。清孔结束后，孔内应保持水头高度，并应在________分钟内灌注混凝土。二次清孔质量达到要求后，方可进行水下砼灌注。灌注商品砼前，应严格进行商品砼验收，其质量标准要满足规范、设计规定。水下砼灌注必须________，不得无故中断。由于混凝土灌注用的是商品混凝土，可以保证灌注的连续性及初灌量。灌注前导管底端离孔底的距离控制在________～________cm 之间，开灌时必须用盖板将料斗底部盖住，同时做好隔水措施，等料斗满后，再将盖板拉开，让混凝土连续不间断地往导管内灌入。在灌注过程中必须及时测量孔内混凝土面深度，勤拔、勤拆导管，确保导管的合理埋深。每次拔导管时必须先测孔内的混凝土面后，再确定拔导管的根数，确保导管的埋深不小于 3m。为保证桩顶质量，禁止快速晃动提拔导管，灌注接近桩顶部位时，应控制导管________和最后一罐的________，确保砼灌注高度满足设计及规范要求。每根桩制作________组试块，进行标准养护，并认真进行记录，养护 28 天后及时做抗压强度试验。

灌注桩混凝土灌注照片如图 6.7 所示。

图 6.7 灌注桩混凝土灌注

引导问题 14：三搅两喷深层搅拌桩施工工艺流程为____。

引导问题 15：四搅两喷施工工艺。

(1)放线定位、挖槽。

根据设计图纸，确定搅拌桩位置并放线。工程基准点、水准点均须会同建设方、________复核无误后方可使用，对于标定的基准点，要做好明显的________和________，并做好保护工作；然后沿线挖沟槽，同时清除沟槽内障碍物等影响搅拌桩施工的杂物。由于工程桩先于坑内加固的深层搅拌桩施工，在定位坑内加固深层搅拌桩时要根据工程桩施工后的桩位来确定桩位，以防深层搅拌桩与工程桩相冲突、对工程桩有影响。

(2)搅拌机就位。

由班长统一指挥，根据定位铺设枕木，要求枕木铺设________，保证桩机做到“平稳、周正”，搅拌机定位准确，保证机身垂直，桩机垂直度________，动力头、搅拌头、桩位三点中心位于同一________线上；确保搅拌桩偏差在允许误差范围内，桩位定位偏差不大于________mm，桩身垂直度偏差＜________。

(3)下沉预搅。

启动搅拌机电机，放松起重机钢丝绳，使搅拌机沿导向架切土下沉，下沉速度控制在________左右，可由电机的电流监测表控制。工作电流不应大于 70 A。如遇硬黏土下沉速度太慢，可以输浆系统适当补给________以利钻进，以利润湿土体，下沉过程中不得采用清水下沉。严格控制桩底标高，搅拌头必须下沉到设计桩底标高。

(4)水泥浆制备。

深层搅拌机预搅下沉的同时，严格按设计配合比开始拌制水泥浆，浆液水灰比为____________，水泥掺和量为________%，外加剂木质素磺酸钙掺量为水泥重量的________%。水泥采用________级普通硅酸盐水泥。灰浆搅拌时间不得少于________min，以使浆液充分拌和。制备好的浆液不得________，水灰比实行配合比挂牌制，标明水泥加水的用量，搅拌好的浆液经过滤放入贮浆桶，下贮浆桶应配备搅拌设备。

(5)第一次提升喷浆搅拌。

深层搅拌机下沉到达设计深度后，即刻上提________并开启压浆泵送浆，搅拌头在桩底原位搅拌________s 后，边旋转、边提升搅拌机，搅拌提升速度一般应控制在________m/min 左右。搅拌机提升到设计顶面高度时，关闭注浆泵并检查注浆量，此过程应注意喷浆速率与提升速度相协调，以确保水泥浆沿桩长均匀分布。

(6)第二次下沉搅拌。

注浆搅拌提升至设计桩顶标高后停浆，即刻搅拌下沉至设计桩底标高，并控制好下沉速度，一般为________m/min 左右。

(7)第二次提升喷浆搅拌。

深层搅拌机下沉到达设计深度即刻提升，搅拌注浆提升阶段，不允许有断浆发生，若发生断浆现象，即刻________提升，待处理完毕后，搅拌下沉断浆处以下________m，再注浆搅拌提升，以防止断桩。

(8)移位。一根桩施工完成后，将搅拌机移至下一位置，重复上述步骤，施工下一根桩。

(9)对于用于止水的深层搅拌桩，应严格控制桩与桩搭接，及时检查，特别是转角处应认真把关，确保桩与桩搭接距离符合要求，不小于________cm，搭接时间不得大于________小时，若超过，则应采取________或________的办法予以补救。

深搅桩照片如图 6.8 所示。

引导问题 16：搅拌桩施工注意事项。

(1)经常检查搅拌头及钻头磨损情况，发现磨损问题及时________和________，以确保搅拌桩直径。

(2)搅拌机提升出地面结束后，向集料斗中注入清水，开启注浆机，将全部管道中的残存

图 6.8 深搅桩

水泥浆冲洗干净并将附于搅拌头上的土清洗干净，以防残存水泥浆把________堵塞。

(3)在搅拌桩施工结束后，应及时取搅拌水泥土做试块，等________天自然养护期满送有资质的权威检测部门检测。

6.6 评价反馈

(1)请依据本章任务对学习成果进行自我评价，并将结果填入表 6.6。

表 6.6 学生自评表

班级： 姓名： 学号：			
学习情境	桩基工程施工		
评价项目	评价标准	分值	得分
桩基工程施工内容	能正确说出桩的分类	10	
预制桩质量验收	能对预制桩外观进行质量验收	10	
静压桩施工机械	能掌握静压桩施工所需机械设备	5	
静压桩施工技术要求	能理解并掌握静压桩施工技术要求	10	

续表

评价项目	评价标准	分值	得分
灌注桩质量要求	能依据灌注桩技术要求对施工过程进行质量控制	10	
灌注桩施工过程	熟悉灌注桩施工流程及相应技术参数	15	
灌注桩施工机械	能掌握灌注桩施工所需机械设备	5	
深搅桩施工过程	能掌握深搅桩施工流程及技术要求	15	
工作态度	态度端正、谦虚好学、认真严谨	5	
工作质量	能按计划完成工作任务	5	
职业素养	能服从安排,具有较强的责任意识和工匠精神	10	
合计		100	

(2)教师根据本章任务对学生学习成果进行综合评价,并将结果填入表6.7。

表6.7 教师综合评价表

班级: 姓名: 学号:				
学习情境		桩基工程施工		
评价项目		评价标准	分值	得分
考勤		无无故迟到、早退、旷工现象	10	
工作过程	桩基工程施工内容	能正确说出桩的分类	5	
	预制桩质量验收	能对预制桩外观进行质量验收	5	
	静压桩施工机械	能掌握静压桩施工所需机械设备	5	
	静压桩施工技术要求	能理解并掌握静压桩施工技术要求	10	
	灌注桩质量要求	能依据灌注桩技术要求对施工过程进行质量控制	15	
	灌注桩施工过程	熟悉灌注桩施工流程及相应技术参数	5	
	灌注桩施工机械	能掌握灌注桩施工所需机械设备	5	
	深搅桩施工过程	能掌握深搅桩施工流程及技术要求	5	
	工作态度	态度端正、谦虚好学、认真严谨	5	
	工作质量	能按计划完成工作任务	5	
	职业素养	能服从安排,具有较强的责任意识和工匠精神	5	
项目成果	工作完整	能按时完成任务	5	
	工作规范	工作成果填写规范	5	
	成果展示	能准确汇报工作成果	10	
合计			100	

综合评价	自评(30%)	教师综合评价(70%)	综合得分

6.7　拓展思考题

(1)静压桩施工过程中预制桩爆桩的原因有哪些?
(2)灌注桩后注浆有哪几种方法?
(3)怎样根据搅拌桩水泥掺量计算水泥用量?

6.8　学习情境相关知识点

知识点1:灌注桩工艺流程,如图6.9所示。

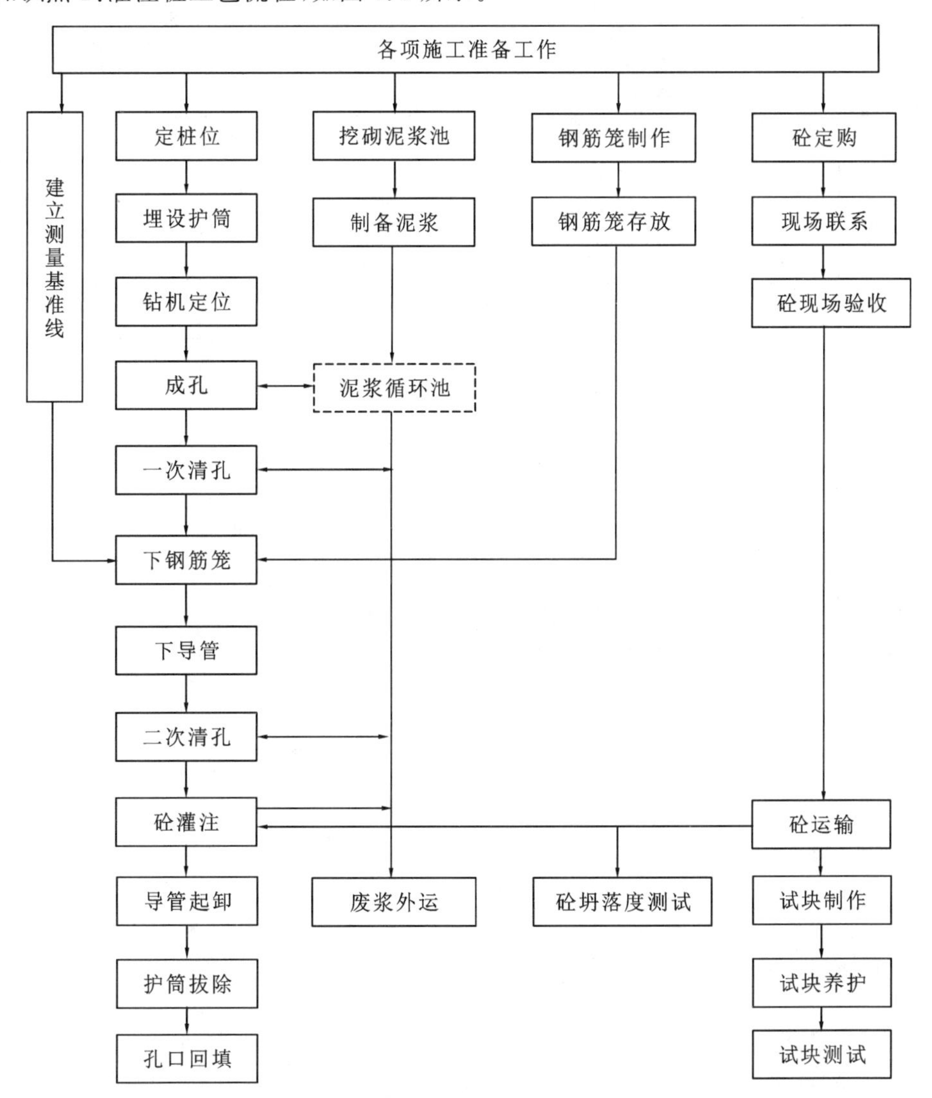

图6.9　灌注桩工艺流程

知识点 2:预制桩工艺流程,如图 6.10 所示。

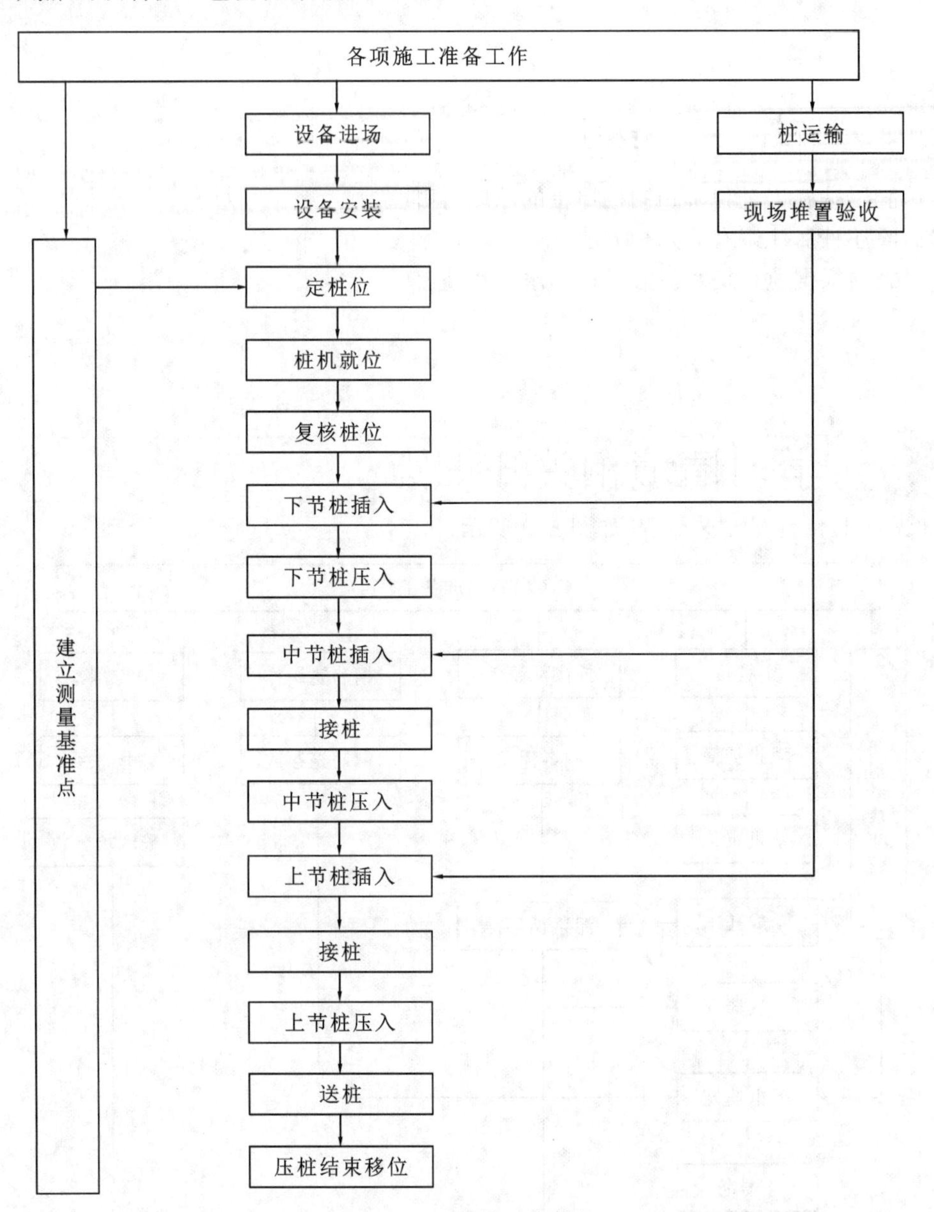

图 6.10 预制桩工艺流程

模块7

钢筋工程施工

GANGJIN GONGCHENG SHIGONG

7.1 学习情境描述

钢筋分项工程是钢筋进场检验、钢筋加工、钢筋连接、钢筋安装、质量检查等一系列技术工作和完成实体的总称。钢筋工程施工难度大、技术要求高，其施工质量对主体结构受力至关重要。依据实习项目，了解钢筋质量检验、加工、连接和安装工作，对钢筋工程有较深入的认识。

7.2 学习目标

(1)掌握钢筋质量要求，并能进行钢筋进场质量验收。

(2)掌握钢筋加工方法和基本要求。

(3)掌握钢筋连接方法和要求。

(4)掌握钢筋安装的要求，并能进行钢筋安装质量检验。

7.3 工作任务

结合实习项目，了解钢筋进场、加工、连接、安装及质量检验等流程，并做好现场钢筋施工组织、检验。

7.4 工作准备

(1)阅读实习项目结构图等，理解图纸内容。

(2)了解钢筋加工方法、连接形式及安装步骤等。

7.5 工作实施

引导问题 1 如下。

钢筋材料进入施工现场后，主要有两项检查验收内容。一是____;二是____

________。

引导问题2:钢筋质量合格文件的检查验收,主要是检查________和________。

引导问题3:由于钢筋力学性能对混凝土结构具有重要性,且我国目前钢材市场存在着相当数量的伪劣产品,为确保混凝土结构的安全,钢筋进场时,应按产品标准的规定抽取试件进行________检验,通常将这种检验称为材料________。

引导问题4如下。

在工程中由于材料供应等原因,往往会对钢筋混凝土构件中的受力钢筋进行代换。钢筋代换一般不可以简单地采用等面积或者大直径代换,特别是在抗震设防要求的框架梁、柱、剪力墙边缘构件部位,当代换后的纵向钢筋总承载力设计值大于原设计纵向钢筋总承载力设计值时,会造成薄弱部位的转移,以及构件在有影响的部位发生混凝土脆性破坏(混凝土压碎、剪切破坏等),对结构并不安全。钢筋代换应遵循以下原则。

(1)____;

(2)____;

(3)____;

(4)____;

(5)____。

引导问题5:钢筋外观检验。

钢筋表面必须清洁无________,不得有颗粒或________、________、________、________、________和________等,钢筋端头必须保证平直无________。钢筋表面的凸块不允许超过________的高度。

引导问题6:钢筋原材验收。

以同一批厂家、同一批________、同一________、同一交货状态、同一进场日期的钢筋,每60t为一个批次,不足60t按照一个批次计算,取________组钢筋试件做拉伸(屈服强度、抗拉强度、伸长率)试验和弯曲试验,试验不合格时,需对原批钢筋取________倍试件进行试验,合格后方可使用。如钢筋加工或者施工过程中发生脆性破坏或者焊接不良,以及机械性能不正常时,需对原批次钢筋进行化学分析。

引导问题7:材料堆放。

(1)原材堆放。

钢筋原材进入现场后,按照地下结构阶段性施工平面图的位置分区、分规格、分型号进行堆放,不能为了卸料方便而随意乱放。

(2)成品钢筋堆放。

将加工成型的钢筋分区、分部、分层、分段按号码顺序堆放,同一部位钢筋或同一构件要堆放在________,保证施工方便。

(3)钢筋标识。

钢筋原材及成品钢筋堆放场地必须设有明显标识牌,钢筋原材标识牌上应注明钢筋________、________、________、________、________等;成品钢筋标识牌上应注明________、________、________、________及________。

钢筋进场验收照片如图7.1所示,钢筋堆放照片如图7.2所示。

图 7.1　钢筋进场验收

图 7.2　钢筋堆放

引导问题8:钢筋加工场布置。

实习工程现场设置钢筋加工棚,所有进场钢筋均在________内加工。钢筋加工必须按照批准的钢筋________单进行。现场共设置________个钢筋加工场,加工场均在塔吊覆盖区域,便于材料________,加工场及堆料场根据实际情况布置。

引导问题9:钢筋切断。

(1)钢筋按加工单尺寸进行下料,钢筋的切断采用钢筋切断机,直螺纹连接钢筋必须采用________切割机进行切断。

(2)切断钢筋时将同规格钢筋根据不同长度进行长短搭配,统筹安排,应先断________料,后断________料,减少________,减少________。

(3)断料时应避免用短尺量长料,防止在量料过程中产生累积误差。应在工作台上标出________,并设置控制断料尺寸用的挡板。

(4)切断过程中,如发现钢筋有断裂、缩头或严重的弯头等必须________。

引导问题10:主筋加工。

一般构件中沿轴线方向的纵向钢筋为主要受力钢筋(简称主筋),主筋的加工重点在于弯折加工的控制,受力钢筋的弯折应符合下列规定。

(1)光圆钢筋末端应做180°弯钩,弯钩的弯后平直部分长度不应小于钢筋直径的____________倍。作为受压钢筋使用时,光圆钢筋末端可不做弯钩,光圆钢筋的弯弧内直径不应小于钢筋直径的________倍。

(2)335MPa级、400MPa级带肋钢筋的弯弧内直径不应小于钢筋直径的________倍。

(3)直径为28mm以下的500MPa级带肋钢筋的弯弧内直径不应小于钢筋直径的____________倍,直径为28mm及以上的500MPa级带肋钢筋的弯弧内直径不应小于钢筋直径的________倍。

(4)框架结构的顶层端节点,对于梁上部纵向钢筋、柱外侧纵向钢筋在节点角部弯折处,当钢筋直径为28mm以下时,弯弧内直径不宜小于钢筋直径的________倍,钢筋直径为28mm及以上时,弯弧内直径不宜小于钢筋直径的________倍。

(5)箍筋弯折处的弯弧内直径尚不应小于纵向受力钢筋直径。

引导问题11:箍筋加工。

(1)除焊接封闭箍筋外,箍筋、拉筋的末端应按设计要求做________。当设计无具体要求时,应符合下列规定。

①箍筋、拉筋弯钩的弯弧内直径应符合受力主筋弯折的相关规定。

②对一般结构构件,箍筋弯钩的弯折角度不应小于________°,弯折后平直部分长度不应小于箍筋直径的________倍;对有抗震设防要求及设计有专门要求的结构构件,箍筋弯钩的弯折角度不应小于________°,弯折后平直部分长度不应小于箍筋直径的__________倍和________mm的较大值。

③圆柱箍筋的搭接长度不应小于钢筋的锚固长度,两末端均应做________°弯钩,弯折后平直部分长度对一般结构构件不应小于箍筋直径的________倍,对有抗震设防要求的结构构件不应小于箍筋直径的________倍。

④拉筋两端弯钩的弯折角度均不应小于________°,弯折后平直部分长度不应小于拉筋直径的________倍。

(2)焊接封闭箍筋宜采用闪光对焊,也可采用气压焊或单面搭接焊,并宜采用专用设备进行焊接。焊接封闭箍筋下料长度和端头加工应按不同焊接工艺确定。多边形焊接封闭箍筋的焊点设置应符合下列规定。

①每个箍筋的焊点数量应为________个，焊点宜位于多边形箍筋中的某边中部，且距箍筋弯折处的位置不宜小于________mm。

②矩形柱箍筋焊点宜设在柱短边，等边多边形柱箍筋焊点可设在任一边；不等边多边形柱箍筋应加工成焊点位于不同边上的两种类型。

③梁箍筋焊点应设置在顶边或底边。

钢筋加工现场照片如图 7.3 所示。

图 7.3　钢筋加工现场

引导问题 12：墙柱纵向钢筋电渣压力焊连接。

(1)工艺流程：钢筋端头制备→安装焊接夹具和钢筋→安放焊剂罐，填装________→确定焊接参数→施焊→回收焊剂→卸下夹具→清除________→质量检查。

①检查设备、电源，确保随时处于________状态，严禁超负荷工作。

②钢筋端头制备：焊接部位和电极钳口接触钢筋表面上的__________、____________、________等应清除干净，钢筋端部若有弯折扭曲，应予以矫直或用无齿锯________，但不得锤击矫直。

③选择焊接参数：钢筋电渣压力焊的焊接参数主要包括焊接________、焊接________和焊接通电________。不同直径的钢筋，按较小直径钢筋选择参数，焊接通电时间延长约 10%。

④焊接接头应错开设置，错开距离应满足≥________mm，且≥________d。

⑤安装焊接夹具和钢筋：夹具的下钳口应紧夹于下钢筋端的适当位置，一般为 1/2 焊剂

罐高度偏下________～________mm，以确保焊接处的焊剂有足够的淹埋深度。将上钢筋放入夹具钳口后，调准活动夹头的起始点，使上下钢筋的焊接部位处于同轴状态，方可夹紧钢筋。钢筋一经夹紧，严防晃动，以免上下钢筋错位和夹具变形。

⑥安放焊剂罐，填装焊剂：填装焊剂时须加漏斗，以防散落（也可在下部用挡板装散落的焊剂），以节约材料。

⑦确定焊接参数：在正式进行钢筋电渣压力焊之前，必须按照试焊接选择的参数进行试焊并做试件送试，以便确定合理的焊接参数，合格后，方可正式生产。

（2）施焊操作要点。

①闭合电路、引弧。通过操纵杆（盒）上的开关，先后接通焊机的焊接电流回路和电源的输入回路，在钢筋端面之间引燃电弧，开始焊接。

②电弧过程：引燃电弧后，应控制好电压值，借助操纵杆使上下钢筋端面之间保持一定的________，进入电弧过程的延时，使焊剂不断熔化而形成必要深度的渣池。

③电渣过程：逐渐下送钢筋，使上钢筋端部插入渣池，电弧熄灭，进入电渣过程的延时，使钢筋断面熔化。

④挤压断电：电渣过程结束，迅速下送上钢筋，使其端部与下钢筋端面相互接触，趁热排除________和________，同时切断电源。

⑤接头焊毕，应停歇________～________s，才可回收焊剂和卸下焊接夹具。

（3）施焊检查。

①在钢筋电渣压力焊的焊接过程中，焊工应认真自检，若发现________、________、________、________等焊接缺陷，应切除接头重焊。

②接头处钢筋轴线的偏移不得超过钢筋直径的________倍，且不得大于________mm。

③检查接头偏折角是否大于4°的简易方法为：在钢筋旁吊一线锤，将下口钢筋调整竖直并固定，量出接头处和接头上口1000mm处距线的距离，若两者之差小于________mm，则可判断此接头偏折角小于4°。

电渣压力焊现场施工照片如图7.4所示。

图7.4　电渣压力焊现场施工

引导问题13：梁板钢筋(≥16mm)气压焊。

工艺流程：气压焊钢筋端头处理→安装接长钢筋→焊前检查→钢筋加热加压→拆卸卡具。

(1)气压焊钢筋端头处理。

进行气压焊的钢筋端头不得压变形，存在凸凹不平或弯曲的，必要时用无齿锯切除；保证钢筋端头断面和轴线成________，不得有弯曲，并用角向磨光机倒角，露出金属光泽，保证没有氧化现象，并清除钢筋端头100mm范围内的________、________、________等。打磨钢筋应在当天进行，防止打磨后再锈蚀。

(2)安装接长钢筋。

先将卡具放在已处理好的两根钢筋上，接好的钢筋上下要________，固定卡具应将顶丝上紧，活动卡具要施加一定的________，初压力的大小要根据钢筋直径确定。

(3)焊前检查。

焊前应仔细对钢筋及焊接设备进行检查，以保证焊接正常进行，看压焊面是否符合要求，上下钢筋是否同心，是否有弯曲现象。

(4)钢筋加热加压。

焊接开始时，火焰采用还原焰，目的是防止钢筋端面________。火焰中心对准压焊面缝隙，同时增大对钢筋的轴向压力，使压焊面间隙闭合。缝隙闭合后还要继续烘烤，以提高温度，烘烤时间一般在________分钟左右。

(5)拆卸卡具。

将火焰熄灭后，加压并稍延滞，红色消失后，即可拆卸卡具，焊件在空气中自然冷却，不得________。加热过程中，如果在压焊面间隙完成闭合之前发生灭火中断现象，应将钢筋断面重新打磨，安装，然后点燃火焰进行焊接。如果发生在间隙完全闭合之后，则可再次加热加压完成焊接操作。

(6)钢筋气压焊完成后，应对每一个接头进行外观质量检查，并填写质量证书。

引导问题14：底板钢筋绑扎。

工艺流程：弹线→验线→集水坑、电梯基坑下层钢筋施工→马凳、集水坑、电梯基坑上层钢筋施工→承台梁或条形基础梁钢筋施工→底板下筋施工→下筋机械连接隐检及绑扎隐检→墙、柱插筋→搭设马凳→底板上筋施工→机械连接隐检及绑扎隐检。

(1)绑扎基础底板钢筋之前，应在防水层上根据结构底板钢筋网的间距，先用白墨弹出控制轴线、每道分界线(柱上、跨中板带分界线)，以及柱、墙线，墙、柱位置用红油漆做好标志，再用红墨弹出底板钢筋位置线。钢筋必须定位、弹线，验线合格后，按照统一的原则布筋，从而确保分界处钢筋直螺纹的有效连接。

分界处钢筋按照图纸及规范设置钢筋接头，提前划出分界处钢筋节点详图，并由____________签认后，按此进行下料及钢筋绑扎。

(2)墙、柱插筋在基础底板内的位置必须按施工图要求设置，按照设计要求伸入板底，并保证其________长度。为了防止插筋位移，把墙插筋与底板钢筋绑扎并与附加定位筋点焊。为保证墙筋保护层厚度，根据墙身厚度设置用A10钢筋焊成“Π”字形卡件，作为钢筋网限位。柱筋按要求设置后，在底板范围内设置上、中、下三道限位箍筋。构造柱、楼梯等按要求预留插筋，不得遗漏。墙、柱筋插完后，除检查其位置外，用线坠(2kg)检查其垂直度，并拉通线校正，确保竖向筋在同一直线上。防止倾斜、扭转、偏位。

(3)为了保证底板钢筋保护层厚度,钢筋下设________mm 厚素混凝土或石材垫块,间距为双向 800mm,采用梅花形布置。

(4)筏板基础上、下筋间按照图纸要求设置拉结筋,拉结筋呈梅花形布置。

引导问题 15:墙体钢筋绑扎。

工艺流程:弹墙位置线→钢筋清理、校正→竖筋钢筋连接→竖筋钢筋连接检验(直螺纹或绑扎搭接)→划水平筋间距线→绑定位横筋→绑其余横竖筋→绑扎拉钩→交点绑扎→保护层定位→墙体钢筋隐检(质检员负责)。

(1)立竖筋:先绑 2～4 根竖筋,并划好水平筋分档标志,然后绑扎下部及齐胸处两根水平筋定位,并在该水平筋上划好竖筋分档标志,然后绑扎竖向梯子筋(也做水平筋分档标志)间距不大于________mm,梯子筋顶模棍必须用无齿锯切割,保证断面平齐,顶模棍加工完毕后端面刷防锈漆,竖筋在________(里/外)、水平筋在________(里/外)。

(2)墙体钢筋应________绑扎,为保证两排钢筋的竖向及水平筋间距,应采用同墙竖筋的钢筋制成的梯子形定位筋(简称梯子筋)。梯子筋的横筋间距为墙体水平筋间距,底部、中部、顶部横筋长度为墙体厚度,并涂防锈漆。梯子筋应设置在钢模板接缝处。

(3)在转角处、丁字墙设置暗柱部位等,严格按照规范和设计要求计算和留置墙体水平筋锚入暗柱的长度。

(4)顶层竖筋收头。顶层墙体竖筋锚入顶板内长度不小于__________mm,且不得小于________mm,拉钩绑在横竖墙筋交叉点并钩住墙体两侧外皮主筋。拉钩钢筋间________,梅花形布置。钢筋为 A6 钢筋。对于暗柱当中要求拉钩拉住箍筋的部位,如果保护层厚度不够,可用拉钩拉住主筋。墙、柱保护层要求用塑料卡定位,塑料卡每隔________设置一个,呈梅花形布置。

墙体钢筋照片如图 7.5 所示。

图 7.5　墙体钢筋

引导问题 16:楼板钢筋绑扎。

工艺流程:清理模板→弹下层钢筋网分格线→排列板下层筋→绑扎板下层筋→标记板上层筋分格线→排列板上层筋→绑扎板上层筋→垫马凳、保护层(保护层采用石材垫块)→清理、验收。

(1)清理模板上的杂物,在模板上弹钢筋________线。

(2)按划好的间距,摆放双向钢筋。预留孔、电线管、预埋件等应及时配合安装。绑扎板筋采用八字扣,从梁边起________排为满绑,其余可为梅花形绑扎。双层钢筋上下层之间须加________以保证上下层钢筋的位置,马凳钢筋直径应不小于板筋直径一级,高度应保证钢筋保护层的厚度,间距不大于________mm。

(3)楼板钢筋直径较小,钢筋绑扎后不得直接________,必须用脚手板铺设上人通道。

引导问题 17:楼梯钢筋绑扎。

工艺流程:划位置线→绑主筋→绑分布筋→绑踏步筋→楼梯钢筋隐检。

(1)在楼板底板上划主筋和分布筋的________线。

(2)根据设计图纸中主筋、分布筋的方向,先绑扎________筋,后绑扎________筋,每个交点均应绑扎。

(3)底板钢筋绑完,待踏步模板支好后,再绑扎踏步钢筋。主筋接头数量和位置均要符合规范规定。

(4)楼梯施工时,由于大模施工,平台梁在墙体中留设梁豁,平台板钢筋在墙体中预埋,当墙体施工完后再剔除钢筋。

楼板钢筋照片如图 7.6 所示。

图 7.6 楼板钢筋

引导问题 18：墙体洞口钢筋绑扎。

阅读图纸要求，并与设备安装专业图纸作对照，确定无误后，进行钢筋绑扎。

设备安装专业应配合土建专业进行预留，洞口尺寸≤300mm 时，将钢筋________洞口，不得切断。洞口尺寸＞300mm，应按照图纸及规范要求进行________和________等处理，需要切断钢筋时，应征得________单位技术负责人同意后再进行。

引导问题 19：成品保护措施。

(1)加工成型钢筋要按规定的地点堆放，用________垫放整齐，防止钢筋________、________、________。原材进场后用彩条布覆盖，避免淋雪、淋雨而生锈。

(2)基础底板、楼板、顶板上下层钢筋绑扎时，支撑马凳要绑牢固，防止操作时钢筋变形。

(3)螺纹钢筋要用垫木垫好，分规格放整齐。直螺纹连接套筒和已套好的钢筋丝扣要用________套好，防止水泥砂浆等污物污染。

(4)楼板、顶板钢筋绑扎完后，在上面用脚手板搭设________，以便钢筋检查及浇筑混凝土使用，在后浇带范围内及两侧，必须用脚手板搭设________，以防止混凝土浇筑过程中踩踏钢筋导致板有效截面变小。

(5)混凝土浇筑前用________将墙柱插筋包裹严，防止浇筑混凝土的过程中污染钢筋。

(6)加设墙、柱模板定位筋时，必须附加钢筋，将定位筋焊接于附加钢筋上，结构用钢筋不得随便焊接。

(7)涂刷脱模剂时不得使脱模剂________钢筋。

(8)混凝土振捣时，振捣棒应避免触碰________，尤其不得震动钢筋。

柱钢筋保护现场照片如图 7.7 所示。

图 7.7 柱钢筋保护现场

引导问题 20：安全保证措施。

(1)建立健全安全保证体系，落实安全施工岗位责任制制度。

(2)严格执行________交底制，责任工长在安排生产工作的同时必须进行安全技术交底。

(3)钢筋原材进场后及加工成型的钢筋必须按规格码放整齐。

(4)钢筋加工场地应由专人统一管理，电气设备必须做好________保护。

(5)钢筋加工人员必须按照操作规程要求进行操作并戴好________。

(6)抬运钢筋人员必须协调配合，防止扭伤和碰伤。

(7)采用塔吊吊运钢筋时，塔吊下________站人。塔吊司机、信号指挥工必须________。

(8)电气控制箱、电缆、插头连接处要注意防________、防________，雨天要遮盖。总电源电缆插头要插在有漏电保护的配电箱的插座上。下雨时如潮气过大，________进行剥肋滚轧丝头施工。

(9)高空绑扎钢筋时，要站在防护到位的跳板上作业，跳板铺设要充分、平稳，防止崴伤。绑扎时严禁将钢筋伸至防护网外，以防钢筋落下伤人。绑扎墙体钢筋时，钢筋支撑架要放置稳定，施工过程中要随时检查脚手板是否与支撑架用铁丝绑扎牢固，并检查脚手板是否有弯折等不安全因素，发现问题及时解决。

(10)连接钢筋时，因钢筋较长，必须搭设________架。高空作业时，要搭好临时架子，必须系上________。安全防护措施要提前做到位，做到不在不安全的作业面上施工，作业人员不得过分集中。

(11)卷扬机、切断机、切割机等的操作人员必须经________、持证上岗操作，严禁________使用，严禁违章操作。对各施工机械要及时进行________，以保证其正常运行。拉筋卷扬机前必须设置________，以免钢丝绳脱扣弹回伤人。切割机防护罩要齐全有效，要合理使用，严禁切割不能切割的材料，以免锯片损坏飞出伤人。

(12)进入现场的人员必须戴好________，禁止穿________或________，不得穿短裤和短衬衣进行操作，裤脚袖口应扎紧，并戴好手套和护脚。

(13)现场严禁吸烟，按规定在现场动火时要开________，并配备足够的灭火器材。

(14)施工人员不得酒后上岗，并不得在施工作业面上嬉闹。

(15)氧气瓶与乙炔瓶不能混堆在一起，氧气瓶和乙炔瓶应避免强烈阳光________，以防气体膨胀造成爆炸。冬季如氧气瓶冻结，不得用明火加热，可用________或________解冻。

(16)氧气瓶应备有防震胶圈及瓶帽，搬运时应避免________和剧烈________，不得与油脂类接触。

(17)不得在氧气瓶和乙炔瓶上坐人与吸烟，氧气瓶和乙炔瓶附近不得有________。

(18)氧气瓶和乙炔瓶的胶管应采用不同颜色，以示区别。

(19)氧气瓶、压接火钳两者距离不得小于________m。

(20)氧气瓶、乙炔瓶应避免接近热源和电闸箱，并应集中堆放。

(21)施工现场应备防火器材、灭火设备，禁止使用________灭火器。

(22)每个氧气瓶和乙炔瓶的减压器只允许使用一把压接火钳。

(23)在施焊时，应注意氧气瓶管、乙炔瓶管与压接火钳之间有无漏气现象，有无堵塞现象。

(24)不准使用不完整的减压器，一个减压器只能用于一种气体，不能交叉使用。减压器冻结时，不许用明火烤。

(25)使用减压器时，应先开启气瓶阀门，后调节减压顶针。

(26)乙炔胶管在使用过程中脱落、破裂或着火时，应先将焊钳上的火焰熄灭，然后停止供气；氧气胶管着火，应迅速关闭氧气瓶阀门，停止供气。禁止使用弯折氧气胶管灭火。

(27)焊接必须戴好________、________、________和________等劳保用品。

(28)未熄灭火焰的焊钳，应握在手中，不得________。

(29)施工完毕，应先关严氧气瓶阀门。

(30)焊接设备的外壳必须接地，操作人员必须戴________和穿________，雨雪天不得施焊。

(31)在电渣压力焊操作过程中一定要注意防________、防________和防________，由于高压电缆敷设在施工操作面上，因此必须采取有效预防措施，并严格执行安全操作规程。

(32)大量焊接时，焊接变压器不得超负荷，变压器升温时不得超负荷，变压器温升不得超过60℃，因此要特别注意遵守焊机暂载率规定，以免其过分发热而损坏。

7.6 评价反馈

(1)请依据本章任务对学习成果进行自我评价，并将结果填入表7.1。

表7.1 学生自评表

班级： 姓名： 学号：			
学习情境	钢筋工程施工		
评价项目	评价标准	分值	得分
钢筋验收	能正确说出钢筋验收的内容、方法和标准，并能对现场进场钢筋进行验收	15	
钢筋堆放	能对现场钢筋进行合理堆放	5	
钢筋加工	掌握钢筋加工场布置方法，熟悉钢筋切断要求，能组织现场主筋、箍筋加工	15	
钢筋连接	掌握电渣压力焊、气压焊的操作方法及要求	15	
钢筋绑扎	掌握底板、墙体、楼板钢筋等的绑扎要求	20	
成品保护	能组织现场钢筋成品保护工作	5	
安全保证	能对现场钢筋施工进行安全管理	5	
工作态度	态度端正、谦虚好学、认真严谨	5	
工作质量	能按计划完成工作任务	5	
职业素养	能服从安排，具有较强的责任意识和工匠精神	10	
合计		100	

(2)教师根据本章任务对学生学习成果进行综合评价，并将结果填入表7.2。

表 7.2 教师综合评价表

<table>
<tr><td colspan="5">班级：　　　　姓名：　　　　学号：</td></tr>
<tr><td colspan="2">学习情境</td><td colspan="3">钢筋工程施工</td></tr>
<tr><td colspan="2">评价项目</td><td>评价标准</td><td>分值</td><td>得分</td></tr>
<tr><td colspan="2">考勤</td><td>无无故迟到、早退、旷工现象</td><td>10</td><td></td></tr>
<tr><td rowspan="10">工作过程</td><td>钢筋验收</td><td>能正确说出钢筋验收的内容、方法和标准，并能对现场进场钢筋进行验收</td><td>10</td><td></td></tr>
<tr><td>钢筋堆放</td><td>能对现场钢筋进行合理堆放</td><td>5</td><td></td></tr>
<tr><td>钢筋加工</td><td>掌握钢筋加工场布置方法，熟悉钢筋切断要求，能组织现场主筋、箍筋加工</td><td>10</td><td></td></tr>
<tr><td>钢筋连接</td><td>掌握电渣压力焊、气压焊的操作方法及要求</td><td>10</td><td></td></tr>
<tr><td>钢筋绑扎</td><td>掌握底板、墙体、楼板钢筋等的绑扎要求</td><td>10</td><td></td></tr>
<tr><td>成品保护</td><td>能组织现场钢筋成品保护工作</td><td>5</td><td></td></tr>
<tr><td>安全保证</td><td>能对现场钢筋施工进行安全管理</td><td>5</td><td></td></tr>
<tr><td>工作态度</td><td>态度端正、谦虚好学、认真严谨</td><td>5</td><td></td></tr>
<tr><td>工作质量</td><td>能按计划完成工作任务</td><td>5</td><td></td></tr>
<tr><td>职业素养</td><td>能服从安排，具有较强的责任意识和工匠精神</td><td>5</td><td></td></tr>
<tr><td rowspan="3">项目成果</td><td>工作完整</td><td>能按时完成任务</td><td>5</td><td></td></tr>
<tr><td>工作规范</td><td>工作成果填写规范</td><td>5</td><td></td></tr>
<tr><td>成果展示</td><td>能准确汇报工作成果</td><td>10</td><td></td></tr>
<tr><td colspan="3">合计</td><td>100</td><td></td></tr>
</table>

<table>
<tr><td rowspan="2">综合评价</td><td>自评(30%)</td><td>教师综合评价(70%)</td><td>综合得分</td></tr>
<tr><td></td><td></td><td></td></tr>
</table>

7.7 拓展思考题

(1)怎样对现场钢筋进行合理堆放及加工？

(2)怎样进行钢筋成品保护？

7.8 学习情境相关知识点

知识点 1:钢筋的焊接质量与钢材的可焊性、焊接工艺有关。可焊性与含碳量、合金元素

含量有关，含碳、锰量增加，则可焊性差，而含适量的钛可改善可焊性。焊接工艺亦影响焊接质量，即使是可焊性差的钢材，若焊接工艺合宜，亦可获得良好的焊接质量。

知识点2：钢筋机械连接是通过连接件的机械咬合作用或钢筋端面的承压作用，将一根钢筋中的力传递至另一根钢筋的连接方法，具有施工简便、工艺性能良好、接头质量可靠、不受钢筋焊接性的制约、可全天候施工、节约钢材和能源等优点。常用的机械连接接头类型有挤压套筒接头、锥螺纹套筒接头、直螺纹套筒接头等。

模块8

模板工程施工

MOBAN GONGCHENG SHIGONG

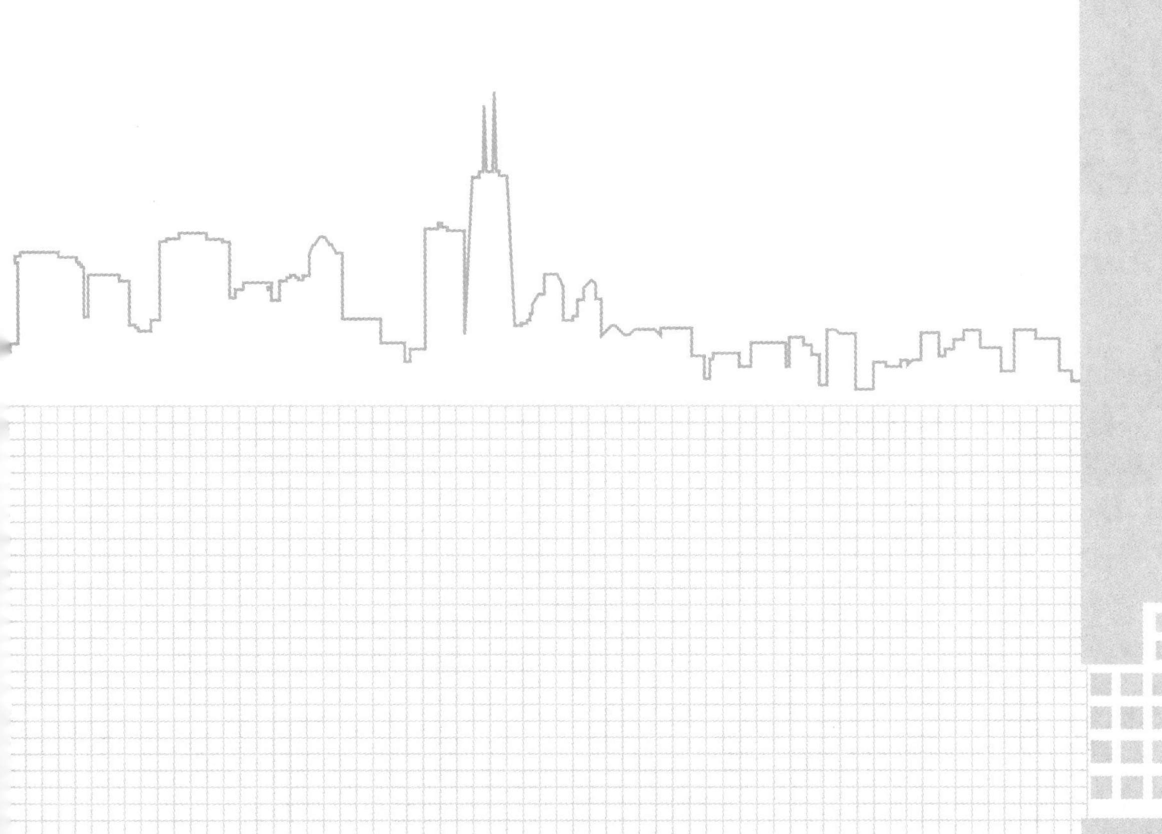

8.1 学习情境描述

混凝土结构模板分项工程包括模板和支撑体系的安装和拆除工作。主要任务包括模板设计与计算、模板安装、模板拆除、模板验收等工作。模板工程施工难度大、技术要求高，模板工程施工组织与质量控制直接影响现场施工进度和混凝土成型质量等。依据实习项目，了解模板的设计、加工、安装、验收和拆除工作等，对模板工程有较深入的认识。

8.2 学习目标

(1)掌握模板工程材料的一般要求。

(2)能说出不同模板的分类及适用范围。

(3)能结合实习现场说出柱、墙体、梁及楼板的模板施工工艺。

(4)能对现场的模板工程进行验收和进行成品保护。

(5)掌握模板拆除的注意事项和安全措施。

8.3 工作任务

结合实习项目，了解柱、墙体、梁及楼板的模板施工工艺流程，并做好现场模板施工组织、检验。

8.4 工作准备

(1)阅读实习项目结构图等，理解图纸内容。

(2)调查模板施工工艺。

8.5 工作实施

引导问题1：一般要求。

(1)模板系统应具有满足施工要求的________和________，不得在混凝土工程施工过程中发生破坏和产生超出规范容许的变形。

(2)模板安装应具有良好的严密性,在混凝土工程施工过程中不得________,影响混凝土的密实性和表面质量。

(3)模板的几何尺寸必须准确,必须满足施工图纸的尺寸要求。

(4)模板的配置必须具有良好的________以便于混凝土工程之后的模板拆除工作顺利进行。

(5)模板的支撑体系必须具备可靠的局部________性及整体________性,以确保混凝土工程的正常施工。

(6)模板及支架材料的技术指标应符合国家现行有关标准的规定。

(7)模板及支架宜选用________、________、________的材料。连接件宜选用标准定型产品。接触混凝土的模板表面应平整,并应具有良好的耐磨性和硬度;清水混凝土的模板面板材料应保证脱模后所需的饰面效果。

(8)脱模剂涂于模板表面后,应能有效减小混凝土与模板间的________力,应有一定的成膜强度,且不应影响脱模后混凝土表面的后期装饰。

模板加工现场照片如图 8.1 所示。

图 8.1 模板加工现场

引导问题 2:模板分类。

根据不同需要或按照不同角度,模板可以有多种分类方法。通常模板可按使用材料、施工部位、施工工艺、构件类别、支模方式、周转次数等进行分类。

按使用材料分类:________模板、________模板、________模板玻璃钢模板等。

按施工部位分类:地下室模板、框架模板、________模板等。

按施工工艺分类:组合钢模板、大模板、滑升模板等。

按构件类别分类:________模板、________模板、基础模板等。

按支模方式分类:整体式模板、拼装模板、独立模板等。

按周转次数分类:________模板、重复使用模板等。

模板分类方式很多,证明了其复杂性。不同类型的模板,其施工工艺、质量要求、周转次数等均可能不同,对施工安全的要求和影响也不尽相同,常用模板类型及其适用范围如表8.1所示。

表8.1 常用模板类型及其适用范围

模板类型	适用范围
组合钢模板	主要由钢模板、连接体和支撑体三部分组成。优点是轻便灵活、拆装方便、通用性强、周转率高等;缺点是接缝多且严密性差,导致混凝土成型后外观质量差
钢框木(竹)胶合模板	以热轧异形钢为钢框架,以覆面胶合板做板面,并加焊若干钢肋承托面板的一种组合式模板。与组合钢模板相比,其特点为自重轻、用钢量少、面积大、模板拼缝少、维修方便
小钢模板	适用于模板变化较大的结构非标准层施工;周转次数少;采用组合钢模板进行散拼整装,经济性好,也能达到较好的质量效果
多层胶合板、竹胶板、压强板模板	模板块大缝少,混凝土观感效果较好;但自身刚度小,作为墙体模板时需适当加密小龙骨;模板侧拼、阴角处的拼缝处理较为困难;周转次数少;成本相对较高;适用于柱模板、梁模板和楼板模板
定型模板(钢、木、塑料、玻璃钢等材料)	适用于外形复杂的构件,以及圆模、密肋板等构件;当遇到倾斜或弧形结构、装饰线条、要求较高的滴水线等复杂部位时,使用定型模板能够更好地满足工程要求
滑动模板	适用于外形简单、截面单一的高耸结构或水平面长条形结构
爬升模板(即爬模和倒模)	是一种适用于现浇钢筋混凝土竖直或倾斜结构施工的模板工艺,如墙体、桥梁、塔柱等。可分为"有架爬模"(即模板爬架子、架子爬模板)和"无架爬模"(即模板爬模板)两种
大模板	大模板由面板结构、支撑系统和操作平台及附件组成。面板的材料有钢板、木(竹)胶合板。整块钢面板用4~6mm(以6mm为宜)的钢板拼焊而成。这种面板具有良好的强度和刚度,能承受较大的混凝土侧压力及其他施工荷载,重复利用率高,一般周转次数在200次以上。钢面板平整光洁,耐磨性好,易于清理,这些均有利于提高混凝土表面的质量。对于施工清水混凝土较为有利。缺点是:耗钢量大,重量大(40kg/m^2),易生锈,不保温,损坏后不易修复

构件或部位对模板支撑体系的选择如表 8.2 所示。

表 8.2 构件或部位对模板支撑体系的选择

构件或部位	可选择的支撑体系
墙面	大钢模板体系
柱	组合小钢模板体系;工具式支撑体系
楼板、梁	常用钢支撑体系;钢管脚手架;碗扣式桁架;快拆体系;支撑体系;门式钢架体系

引导问题 3:调查现场模板施工机械准备,填写表 8.3。

表 8.3 模板施工机械准备

序号	名称	数量	序号	名称	数量
1	压刨		8	台钻	
2	平刨		9	手提锯	
3	圆盘锯		10	手枪钻	
4	砂轮切割机		11	手提电刨	
5	电焊机		12	手提电钻	
6	吹风机		13		
7	吸尘器		14		

引导问题 4:立杆。

(1)立杆间距不应大于________m。

(2)立杆接头应采用带专用外套管的立杆对接,外套管开口朝下。

(3)立杆的连接接头宜________布置,两根相邻立杆的接头不宜设在同步内。

(4)模板支撑架底层纵、横向水平杆应作为扫地杆,距地面高度不应超过________mm。

(5)水平杆的步距不得大于________m。

(6)模板支架可调托座伸出顶层水平杆的悬臂长度严禁超过________mm,且丝杆外露长度严禁超过________mm,可调托座插入立杆的长度不得少于________mm。

(7)模板支架立杆基础不在同一高度时,必须将高处的扫地杆与低处水平杆拉通。

(8)当立杆需要加密时,非加密区立杆、水平杆应与加密区立杆、水平杆间距互为倍数。加密区水平杆应向非加密区延伸不少于________跨。

模板立杆照片如图 8.2 所示。

引导问题 5:剪刀撑。

(1)模板支架支撑高度不大于________m,且楼板厚度不大于________mm,且梁截面面积不大于________m^2 时,可采用无剪刀撑框架式支撑结构;如超过此规定,应采用有剪刀撑框架式支撑结构。

(2)模板支架的剪刀撑可采用扣件式钢管进行搭设。

(3)竖向剪刀撑的布置应符合下列规定。

①模板支架外侧周圈应连续布置竖向剪刀撑。

②模板支架中间应在纵向、横向分别连续布置竖向剪刀撑;竖向剪刀撑间隔不应大于________跨,且不大于________m;每个剪刀撑的跨度不应超过________跨,且宽度不大于

图 8.2 模板立杆

________m。

③竖向剪刀撑杆件底端应与垫板或地面顶紧，倾斜角度在________°～________°之间，旋转扣件宜靠近主节点，中心线与主节点的距离不宜大于 150mm。

(4)模板支架高度超过________m 应设置水平剪刀撑，并应符合下列规定。

①顶部必须连续设置水平剪刀撑，底部应连续设置水平剪刀撑。

②水平剪刀撑的间隔层数不应大于________步且不大于________m，每个剪刀撑的跨数不应超过________跨且宽度不大于________m。

③水平剪刀撑宜布置在竖向剪刀撑交叉的水平杆层。

④水平剪刀撑应采用旋转扣件，每跨与立杆固定，旋转扣件宜靠近主节点。

(5)剪刀撑的斜杆应搭接，搭接长度不应小于________m，并应采用不少于 2 个旋转扣件等距离固定，且端部扣件盖板边缘离杆端距离不应小于________mm；扣件螺栓的拧紧力矩不应小于 40N·m，且不应大于 65N·m。

(6)每对剪刀撑斜杆宜分开设置在立杆的两侧。

剪刀撑及扫地杆照片如图 8.3 所示。

引导问题 6：周边拉结。

当有既有结构时，模板支架应与稳固的既有结构可靠连接，并应符合下列规定。

(1)竖向连接间隔不应超过________步，宜优先布置在有水平剪刀撑的水平杆层。

(2)水平方向连接间隔不宜超过________m。

(3)当遇柱时，宜采用扣件式钢管抱柱拉结，拉结点应靠近主节点设置，偏离主节点的距离不应大于________mm。

(4)侧向无可靠连接的模板支架高宽比不应大于________。当高宽比大于________且

图 8.3 剪刀撑及扫地杆

四周不具备拉结条件时，应采取扩大架体下部尺寸等措施。

引导问题 7：支模架不符合模数时的处理方式。

模数不匹配时，在板的位置设置________，调节跨应设置在板下承受荷载较小的部位。用普通扣件钢管每步拉结成整体，水平杆向两端延伸至少扣接 2 根定型支架的立杆。

引导问题 8：伸缩缝处双梁支模架施工。

(1)伸缩缝两边的梁板应分开浇筑，设定好浇捣顺序和间隔时间(足够长)，避免双梁荷载同时落在同处________上。

(2)待一边混凝土浇筑完成，拆除梁侧模板后，支设另一边梁侧模板，双梁中间用____________填充。

引导问题 9：柱模板施工。

柱模板的安装顺序是：安装前检查→模板安装→检查对角线、长度差→安装柱箍→全面检查校正→整体固定→柱头找补。柱模板采用________，背楞采用__________木枋，柱箍用________钢管。模板根据柱截面尺寸进行配制，柱与梁接口处，采取柱模开槽，梁底及侧模与槽边相接，拼缝严密，并用木枋压紧。柱模加固采用钢管抱箍，每________mm 一道。安装前要检查是否平整，若不平整，要先在模板下口外铺一层水泥浆(10～20mm 厚)以免砼浇筑时漏浆而造成柱底烂根。

柱模板安装示意图如图 8.4 所示。

引导问题 10：墙体模板施工。

(1)墙体模板的安装顺序是：支模前的检查→支侧模→钢筋绑扎→安装对拉________，支另一侧模→校正模板位置→紧固对拉止水螺栓→支撑固定→全面检查。

(2)墙体模板支设前须对墙内杂物________，弹出墙的________和模板就位线，外墙大

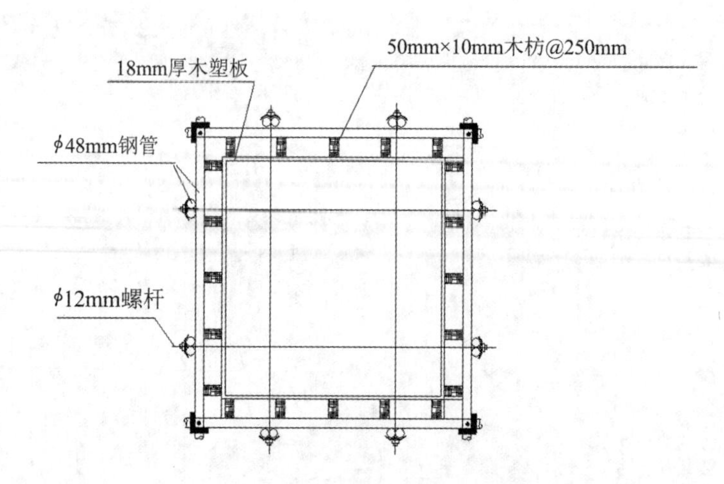

图 8.4 柱模板安装示意图

角应标出轴线，并做好砂浆找平层或通过在模板下口粘贴________以防止漏浆。

(3)安装墙体模板前先放置好门窗模板及预埋件，并按照墙体厚度焊好限位钢筋，地下室外墙限位钢筋内外禁止连通。但应注意不能烧断墙体主筋。

(4)安装模板从外模中间开始，以确保建筑物的外形尺寸和垂直度的准确性；立好一侧模板后即可穿入焊接好止水的对拉螺栓，再立另一侧模板，进行就位调整，对准穿墙螺栓孔眼进行固定。

(5)安装模板前须均匀涂刷________；支模时须对模板拼缝进行处理，在面板拼缝处用________粘贴；在墙的拐角处(阳角)应注意两块板的搭接严密；阴角模立好后，要将墙体模板的横背楞(ϕ48mm 钢管)延伸到阴角模，并穿好对拉螺栓使其与对应的阴角模或墙体模板固定，以确保角度的方正和不跑模。

(6)剪力墙模板采用散支散拆方式，模板采用________，用________木枋做龙骨，用“3形卡”将对拉螺杆与钢管连接起来，木枋间距为________，钢管间距为 600mm，模板采用钢管和对拉螺栓共同支撑稳定。

墙体模板安装示意图如图 8.5 所示。

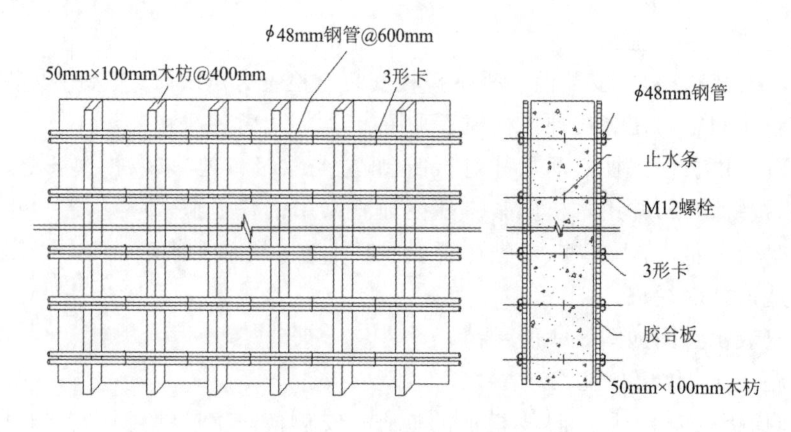

图 8.5 墙体模板安装示意图

引导问题11:梁模板施工。

(1)工艺流程:抄平、弹线(轴线、水平线)→搭设支撑架→安装支柱头模板→铺设底模板→拉线找平→封侧模→预检。

(2)根据主控制线放出各梁的轴线及标高控制线。

(3)梁模板支撑采用扣件式满堂钢管脚手架(简称满堂架)支撑,立杆纵、横向间距均为________m;立杆须设置纵横双向扫地杆,扫地杆距楼地面________mm;立杆全高范围内设置纵横双向水平杆,水平杆的步距(上下水平杆间距)不大于________mm;立杆顶端必须设置纵横双向水平杆。在满堂架的基础上在主次梁的梁底再加一排立杆,沿梁方向间距________m。梁底小横杆和立杆交接处立杆加设保险扣。梁模板支架宜与楼板模板支架综合布置,相互连接、形成整体。

(4)剪刀撑。竖直方向:纵横双向沿全高每隔________排立杆设置一道竖向剪刀撑。水平方向:沿全平面每隔________设置一道水平剪刀撑。剪刀撑宽度不应小于________跨,且不应小于________m,纵向剪刀撑斜杆与地面的倾角宜在________°～________°之间,水平剪刀撑与水平杆的夹角宜为45°。

(5)梁模板安装。

大龙骨采用________,其跨度等于支架立杆间距;小龙骨采用________mm×________mm方木,间距________mm,其跨度等于大龙骨间距。

梁底模板铺设:按设计标高拉线调整支架立杆标高,然后安装梁底模板。梁跨中起拱高度为梁跨度的________,主次梁交接时,先主梁起拱,后次梁起拱。

梁侧模板铺设:根据墨线安装梁侧模板、压脚板、斜撑等。梁侧模板应设置斜撑,当梁高大于________mm时设置腰楞,并用对拉螺栓加固,对拉螺栓水平间距为________,垂直间距为________。

梁柱接头模板支设示意图如图8.6所示。

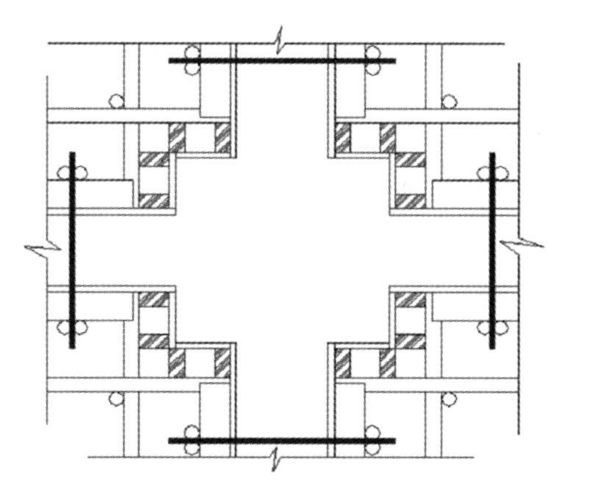

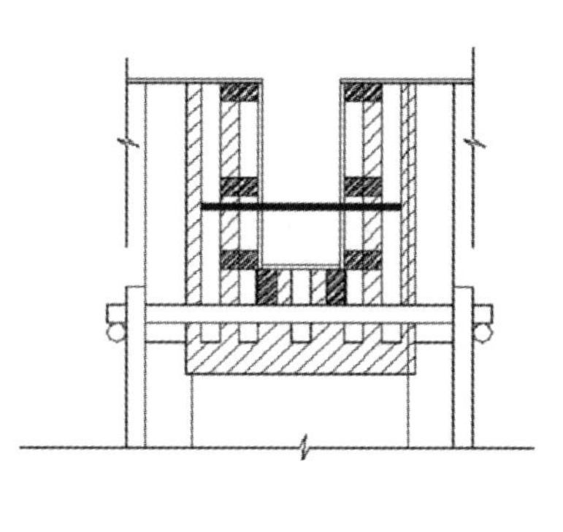

图8.6 梁柱接头模板支设示意图

引导问题12:楼板模板施工。

(1)工艺流程:支架搭设→龙骨铺设、加固→楼板模板安装→预检。

(2)支架搭设:楼板模板支架搭设方法同梁模板支架搭设方法,其与梁模板支架统一布置。立杆顶部如设置顶托,其伸出长度不应大于________mm;顶部支撑点位于顶层横杆时,应靠近立杆,且不大于________mm。

(3)立杆支撑横纵间距不超过________m,且立杆支撑钢管不能有接头,如有少数接头现象,所有顶撑之间要设水平撑或剪刀撑,进行横纵向扫地杆加固,以保持顶撑的稳固可靠。

(4)模板安装:采用________做楼板模板,一般采用整张铺设、局部小块拼补的方法,模板接缝应设置在龙骨上。大龙骨采用________,其跨度等于支架立杆间距;小龙骨采用________方木,间距________mm,其跨度等于大龙骨间距。挂通线将大龙骨找平。根据标高确定大龙骨顶面标高,然后架设小龙骨,铺设模板。

(5)楼面模板铺完后,应认真检查支架是否牢固。将模板梁面、板面清扫干净。

楼板塑料模板照片如图 8.7 所示。

图 8.7　楼板塑料模板

引导问题 13:模板的验收。

(1)模板及其支架必须符合下列规定。

①保证工程结构和构件各部分形状尺寸和相对位置正确,必须要符合图纸设计要求。

②具有足够的________、________和________,能可靠承受新浇筑砼的自重和侧压力,以及在施工过程中所产生的荷载。

③构造应简单、装拆应方便,并便于钢筋的________、________,以及砼的浇筑、养护等要求。

④模板的接缝应严密,不得漏浆。

(2)模板与砼的接触面应涂________,不宜采用油脂类等影响结构或妨碍装饰工程施工的隔离剂,严禁隔离剂玷污钢筋与砼接槎处。

(3)预留孔洞及预埋件偏差应符合规范要求。

(4)验收模板时,应由项目工程师带队,施工、质检、安全等人员全部到现场参加验收,合格后方可进行下道工序施工。

引导问题 14:模板的拆除。

(1)拆模程序:先支的________(先/后)拆,后支的________(先/后)拆,先拆非承重部位，后拆承重部位，先拆除柱模板，再拆楼板底模、梁侧模板，最后拆梁底模板。

(2)柱、梁模板的拆除必须待混凝土达到设计规范要求的脱模强度后进行。柱模板在混凝土强度能保证其表面及棱角不因拆模而受损坏时方可拆除；梁底模板应在梁板砼强度达到设计强度的________%后，并有同条件养护拆模试压报告，经监理审批签发拆模通知书后方可拆除。

(3)模板拆除的顺序和方法。应按照配板设计的规定进行，遵循先支后拆，先非承重部位后承重部位，自上而下的原则。拆模时严禁用大锤或撬棍硬砸硬撬。

(4)拆模时，操作人员应站在安全处，以免发生安全事故。待该片(段)模板全部拆除后，将模板、配板、支架等清理干净，并按文明施工要求运出堆放整齐。

(5)拆下的模板、配件等，严禁抛扔，要有人接应传递。按指定地点堆放，并做到及时清理，维修和涂刷好________，以备使用。

引导问题 15：成品保护。

(1)模板涂刷隔离剂时，不得影响结构性能或妨碍装饰工程施工。

(2)拆模时不得用大锤或撬棍硬砸硬撬，以免损伤________表面和楞角。

(3)坚持每次使用后________板面，涂刷脱模剂。

(4)按楼板部位层层复安，减少损耗，材料应按编号分类堆放。

(5)可调底座、顶托应采取防止砂浆、水泥浆等污物填塞螺纹的措施。

(6)对于拆卸下来的门架及其构件，应将有损伤的门架及构件挑出，重新维修，严重损坏的要________。

(7)门架支顶可调底座及可调托座螺纹上的锈斑及混凝土浆等要清除干净，用后上油保养。

(8)搬运时，门架及剪刀撑等不能随意投掷。

8.6 评价反馈

(1)请依据本章任务对学习成果进行自我评价，并将结果填入表 8.4。

表 8.4 学生自评表

班级： 姓名： 学号：			
学习情境	模板工程施工		
评价项目	评价标准	分值	得分
模板工程材料的一般要求	能正确说出模板工程材料的一般要求	10	
模板分类与选择	能对模板进行分类，并能依据现场情况合理选择模板类型	5	
模板施工机机械	能依据现场工程量及模板类型合理安排施工机机械	5	
细部处理	掌握立杆、剪刀撑、周边拉结相关知识，以及模数处理及伸缩缝处理要点	15	

续表

评价项目	评价标准	分值	得分
墙体模板、梁模板、柱模板施工	能掌握墙体模板、梁模板、柱模板施工具体要求和方法,能组织和检查现场墙体模板、梁模板、柱模板施工	30	
模板拆除	能组织现场对模板进行安全有序拆除	10	
成品保护	掌握成品保护方法	5	
工作态度	态度端正、谦虚好学、认真严谨	5	
工作质量	能按计划完成工作任务	5	
职业素养	能服从安排,具有较强的责任意识和工匠精神	10	
合计		100	

(2)教师根据本章任务对学生学习成果进行综合评价,并将结果填入表8.5。

表8.5 教师综合评价表

班级: 姓名: 学号:				
学习情境		模板工程施工		
评价项目		评价标准	分值	得分
考勤		无无故迟到、早退、旷工现象	10	
工作过程	模板工程材料的一般要求	能正确说出模板工程材料的一般要求	5	
	模板分类与选择	能对模板进行分类,并能依据现场情况合理选择模板类型	5	
	模板施工机机械	能依据现场工程量及模板类型合理安排施工机机械	5	
	细部处理	掌握立杆、剪刀撑、周边拉结相关知识,以及模数处理及伸缩缝处理要点	10	
	墙体模板、梁模板、柱模板施工	能掌握墙体模板、梁模板、柱模板施工具体要求和方法,能组织和检查现场墙体模板、梁模板、柱模板施工	20	
	模板拆除	能组织现场对模板进行安全有序拆除	5	
	成品保护	掌握成品保护方法	5	
	工作态度	态度端正、谦虚好学、认真严谨	5	
	工作质量	能按计划完成工作任务	5	
	职业素养	能服从安排,具有较强的责任意识和工匠精神	5	
项目成果	工作完整	能按时完成任务	5	
	工作规范	工作成果填写规范	5	
	成果展示	能准确汇报工作成果	10	
合计			100	
综合评价		自评(30%)	教师综合评价(70%)	综合得分

8.7 拓展思考题

(1)请简述模板工程及支撑体系需要专家论证的范围。

(2)模板承载力怎样计算?

(3)模板用量怎样计算?

8.8 学习情境相关知识点

知识点1:模板文明施工及环保措施。

(1)模板拆除后的材料应按编号分类堆放。

(2)每次使用模板后,应及时清理板面,涂刷脱模剂,涂刷隔离剂时要防止洒漏,以免污染环境。

(3)安装模板时,应注意控制噪声污染。

(4)在模板加工过程中使用电锯、电刨等时,应注意控制噪声,夜间施工应遵守当地规定,防止噪声扰民。

(5)加工和拆除木模板产生的锯末、碎木要严格按照固体废弃物处理程序处理,避免污染环境。

(6)每次下班时保证工完场清。

知识点2:模板施工安全措施。

(1)进入施工现场的人员必须戴好安全帽,高空作业人员必须佩戴安全带,并应系牢。

(2)工作前应先检查使用的工具是否牢固,扳手等工具必须用绳链系挂在身上,钉子必须放在工具袋内,以免掉落伤人。工作时要思想集中,防止钉子扎脚和从空中滑落。

(3)在浇筑混凝土时,应派责任心较强的木工看护模板,如工作量较大,应多设人员看护,发现爆模或支撑下沉等现象应立即停止浇筑,并采取紧固措施,若爆模或支撑下沉严重,应通知项目部有关负责人到现场出示方案,并及时采取补救措施。检查和观察模板支撑是否有下沉或松动现象,具体检查方法:在顶板模板低端支撑点用绳吊一吊锤至地面以上10cm处,观察其是否下沉,如发现其下沉,立即通知砼浇筑人员并停止浇筑,待加固支撑后再进行浇筑。

(4)安装与拆除5m以上的模板,应搭脚手架,并设防护栏杆,防止上下在同一垂直面操作。

(5)高空、复杂结构模板的安装与拆除,应事先准备切实的安全措施。

(6)遇六级以上的大风时,应暂停室外的高空作业,雪、霜、雨后应先清扫施工现场,略干不滑时再进行工作。

(7)二人抬运模板时要相互配合,协同工作。传递模板时,应用运输工具或绳子系牢工具后再进行升降，不得乱抛工具。

(8)不得在脚手架上堆放大批模板等材料。

(9)支模过程中，如需中途停歇，应将支撑、搭头、柱头板等钉牢。拆模间歇应将已活动的模板、牵杠、支撑等运走或妥善堆放，防止因踏空、扶空而坠落。

(10)模板上有预留洞者，应在安装后将洞口盖好，混凝土板上的预留洞，应在模板拆除后即将洞口盖好。

(11)拆除模板一般用长撬棒，人不许站在正在拆除的模板上，在拆除楼板模板时，要注意不要让整块模板掉下，尤其是用定型模板做平台模板时，更要注意，拆模人员要站在门窗洞口外拉支撑，防止模板突然全部掉落伤人。

(12)在组合钢模板上架设电线和使用电动工具，应采用 36V 低压电源或采取其他有效的安全措施。

(13)装、拆模板时禁止使用 2×4 木料、钢模板做立人板。

(14)高空作业要搭设脚手架或操作台，上、下要使用梯子，不许站立在墙上工作，不准站在大梁底模上行走。操作人员严禁穿硬底鞋及有跟鞋作业。

(15)装拆模板时，作业人员要站立在安全地点进行操作，防止上下在同一垂直面工作，操作人员要主动避让吊物，增强自我保护和相互保护的安全意识。

(16)拆除梁、柱、墙体模板，在 4m 以上的空中作业时应搭设脚手架或操作平台，并设防护栏杆，严禁在同一垂直面上操作。

(17)拆模必须一次性拆清，不得留下无撑模板。拆下的模板要及时清理，堆放整齐。

模块9

混凝土工程施工

HUNNINGTU GONGCHENG SHIGONG

9.1 学习情境描述

混凝土分项工程是混凝土原材料控制、配合比设计、混凝土搅拌运输、浇筑与振捣、养护等一系列技术工作和完成混凝土工程实体的总称。混凝土工程作为工程实体直接影响着工程质量。依据实习项目，了解混凝土施工技术、养护、通病防治及成品保护等知识，对混凝土工程有较深入的认识。

9.2 学习目标

(1)熟悉混凝土施工的相关准备工作。

(2)能科学组织现场进行混凝土施工。

(3)掌握混凝土养护的方法。

(4)掌握混凝土质量通病及相应防治方法。

(5)掌握混凝土施工安全技术措施。

9.3 工作任务

结合实习项目，了解混凝土浇筑、养护、通病防治等方法，并做好现场混凝土施工组织、检验和成品保护工作。

9.4 工作准备

(1)阅读实习项目结构图等，理解图纸内容。

(2)调查混凝土施工工艺。

9.5 工作实施

引导问题 1：混凝土分项工程的具体工作内容包括以下几点。

(1)____；

(2)____;
(3)____;
(4)____;
(5)____。

引导问题 2:外加剂的功能。

外加剂是在混凝土拌和前或拌和时掺入,掺量一般不大于水泥质量的5%(特殊情况除外),并能按要求改善混凝土性能的物质。各种混凝土外加剂的应用改善了新拌和硬化混凝土的性能,促进了混凝土新技术的发展,促进了工业副产品在胶凝材料系统中更多的应用,还有助于节约资源和保护环境,其已经逐步成为优质混凝土必不可少的材料。

混凝土外加剂的主要功能包括:改善混凝土或砂浆拌和物施工时的和易性、提高混凝土或砂浆的强度及其他物理力学性能、节约水泥或代替特种水泥、加速混凝土或砂浆的早期强度发展、调节混凝土或砂浆的凝结硬化速度、调节混凝土或砂浆的含气量、降低水泥初期水化热或延缓水化放热、____________、____________、____________、____________、____________、____________、____________、____________。

引导问题 3:外加剂的分类。

混凝土外加剂包括高性能减水剂(早强型、标准型、缓凝型)、高效减水剂(标准型、缓凝型)、普通减水剂(早强型、标准型、缓凝型)、引气减水剂、泵送剂、早强剂、缓凝剂、引气剂、防冻剂、膨胀剂、防水剂及速凝剂等多种,可谓种类繁多,功能多样。可按其主要使用功能分为以下四类。

(1)改善混凝土拌和物流变性能的外加剂。包括各种________、________、________等。

(2)调节混凝土凝结时间、硬化性能的外加剂。包括________、________、________等。

(3)改善混凝土耐久性的外加剂。包括________、________、________等。

(4)改善混凝土其他性能的外加剂。包括________、________、________等。

引导问题 4:外加剂的适用范围。

目前建筑工程中应用较多和较成熟的外加剂有减水剂、早强剂、缓凝剂、引气剂、膨胀剂、防冻剂、泵送剂等。

(1)混凝土中掺入减水剂,若不减少拌和用水量,能显著提高拌和物的________;当减水而不减少水泥用量时,可提高________;若减水的同时适当减少水泥用量,则可节约水泥。同时,混凝土的耐久性也能得到显著改善。

(2)早强剂可加速混凝土________和早期强度发展,缩短养护周期,加快施工进度,提高模板周转率,多用于冬期施工或紧急抢修工程。

(3)缓凝剂主要用于________季节混凝土、大体积混凝土、泵送与滑模方法施工及远距离运输的商品混凝土等,不宜用于日最低气温________℃以下施工的混凝土,也不宜用于有早强要求的混凝土和蒸汽养护的混凝土。缓凝剂的水泥品种适应性十分明显,不同品种水泥的缓凝效果不相同,甚至会出现相反的效果。因此,使用前必须进行________,检测其缓凝效果。

(4)引气剂是在搅拌混凝土的过程中能引入大量均匀分布、稳定而封闭的微小气泡的外加剂。引气剂可改善混凝土拌和物的________性,减少泌水离析,并能提高混凝土的抗________性和抗________性。同时,含气量的增加,使混凝土弹性模量降低,对于提高混凝土的抗裂性有利。由于大量微气泡的存在,混凝土的抗压强度会有所降低。引气剂适用于____

____、________、抗硫酸盐、泌水严重的混凝土等。

(5)膨胀剂能使混凝土在硬化过程中产生微量体积膨胀。膨胀剂主要有硫铝酸钙类、氧化钙类、金属类等。膨胀剂适用于补偿收缩混凝土、填充用膨胀混凝土、灌浆用膨胀砂浆、自应力混凝土等。含硫铝酸钙类、硫铝酸钙-氧化钙类膨胀剂的混凝土(砂浆)不得用于长期环境温度为80℃以上的工程;含氧化钙类膨胀剂的混凝土(砂浆)不得用于有________水或有侵蚀性水的工程。

(6)防冻剂在规定的温度下,能显著降低混凝土的________,使混凝土液相不冻结或仅部分冻结,从而保证水泥的水化作用,并在一定时间内获得预期强度。含亚硝酸盐、碳酸盐的防冻剂,严禁用于预应力混凝土结构;含六价铬盐、亚硝酸盐等有害成分的防冻剂,严禁用于饮水工程及与食品相接触的工程,严禁食用;含硝铵、尿素等产生刺激性气味的防冻剂,严禁用于办公、居住等建筑工程。

(7)泵送剂是用于改善混凝土泵送性能的外加剂。它由________、________、________、润滑剂等多种组分复合而成。泵送剂适用于工业与民用建筑及其他构筑物的泵送施工的混凝土;特别适用于大体积混凝土、高层建筑和超高层建筑施工;适用于滑模施工等;也适用于水下灌注桩混凝土。

引导问题5:混凝土施工现场准备。

(1)钢筋工程施工完毕,钢筋表面的________、________清除干净,钢筋垫块已垫好,并经隐蔽工程检查合格。

(2)模板支设牢固,模板内的垃圾、杂物清理干净,板缝和孔洞已堵严,经预检合格。

(3)搅拌站各种资料备齐,并做好________鉴定工作。

(4)现场水电到位,劳力组织已配备齐全。

(5)在混凝土搅拌前先向搅拌站提出需浇筑混凝土的技术要求,包括混凝土的强度________、________、初凝时间、运输速度、坍落度等要求。

(6)混凝土浇筑前,通知水、电专业人员进行会签,确保不漏项。

引导问题6:混凝土施工机具准备。

请结合实习现场完善下面混凝土施工机具具体要求。

泵车:____。

固定泵:____。

振动棒:____。

铁锹:____。

刮杠:____。

塑料布:____。

标尺杆:____。

其他:____。

混凝土泵车施工现场照片如图9.1所示。

引导问题7:泵管布置。

(1)根据现场实际情况,尽量减少弯管,同时保证在作业面上的临时水平管最短。

(2)水平泵管的固定,采用钢管架柔性支撑,弯管处设________。

(3)垂直管采用________加固,在楼板位置用木楔与楼板加固,首层弯管与竖直管交接处采用刚性支架直接与楼面支撑,使上部的泵管重量直接传到楼面,不能把弯管当作下部

图 9.1　混凝土泵车施工现场

支架。

(4)泵管的支撑加固在每个管卡处设立,井字架在每个管卡下部加固,加固时,在钢管与泵管之间垫放木条或旧车胎,避免泵管与钢管________,并在井字架每边设立剪刀撑。

引导问题 8:混凝土的搅拌、运输与接收。

(1)混凝土的搅拌。

混凝土采用搅拌站的预拌混凝土。在搅拌混凝土前,先向搅拌站提出施工部位需浇筑混凝土的技术要求,包括混凝土的________、________、初凝时间、坍落度等要求。必要时,派专人前往搅拌站,参与混凝土的开盘鉴定工作,负责检查、监督混凝土各种材料、外加剂的使用情况,确保混凝土质量。

混凝土搅拌车照片如图 9.2 所示。

(2)混凝土的运输。

在混凝土运输过程中,要保证有足够数量的混凝土罐车,确保现场混凝土浇筑的____________性,避免出现冷缝。在罐车到达现场后,为控制混凝土的坍落度,可现场加减水剂二次搅拌,严禁现场加________。

图 9.2　混凝土搅拌车

(3)混凝土的接收。

在混凝土到达现场后,现场派专人负责混凝土的接收工作,检查商品混凝土小票上的各项内容,确保混凝土的使用正确,防止误用,造成质量事故;检查罐车在路上的行走时间,控制好混凝土的________时间,确保混凝土的浇筑质量,同时,现场有试验人员负责检查混凝土的坍落度,制作试块。

引导问题 9:混凝土泵送。

混凝土的泵送是一项专业性技术工作,地泵司机必须经过专业培训并________上岗。地泵安装处的路面必须________化,同时在地泵附近设沉淀池,以便于地泵的清洗。

泵送时,必须严格按照地泵使用说明进行操作,同时必须做到以下几点。

(1)地泵与泵管连接好后,先进行全面检查,确定接口、机械设备正常后方可开机。

(2)地泵启动后,先喂适量的________,以湿润料斗、活塞、管壁等,经检查,地泵及泵管内没有异物并且没有渗漏后,再采用同配合比的减石子砂浆润管。

(3)开始泵送时,地泵必须处于________(慢/快)速、匀速并随时可能反泵的状态,然后逐渐加速,同时观察地泵的压力和各系统的工作情况,待确认系统正常后再开始正式泵送。

(4)泵送时,活塞的行程尽可能保持最________(大/小),以提高输出效率,也有利于机械的保护,地泵的水箱或活塞清洗室必须保持盛满水。

(5)当需要接管时,必须对新接管内壁进行________。

(6)浇筑时,必须由远及近,连续施工。

(7)混凝土泵送过程中的堵管的预防与处理如下。

①为防止在施工过程中出现堵管现象,要求搅拌站必须保证混凝土的________度,同时必须与搅拌站加强联系,紧密配合,尽量做到不停机,连续浇筑。作业面必须做好一切准备,人员、机械、电气、辅助工具、技术交底等已经准备就绪后,方可正式开始,不打无准备的仗,防止造成浇筑延续时间过长,造成坍落度损失过大或混凝土凝结而堵管。

②当地泵出现压力升高且不稳定、油温升高、泵管明显颤动等现象而泵送困难时,不得________,应立即查明原因,排除隐患,具体措施如下。

a. 当泵管内吸入空气时,立即进行反泵吸出混凝土,将其在料斗中重新搅拌,排出空气后重新泵送。

b. 当泵送困难时,用木锤敲击________、________、锥形管等部位,并进行慢速泵送或反泵,逐渐排除困难,恢复正常。

c. 一旦堵管,应立即进行________和________,逐渐吸出混凝土至料斗中,重新搅拌。同时用木锤在管外敲松混凝土,再进行正、反泵,排除堵塞。

d. 当上述方法无效时,将混凝土卸压,拆除堵塞的管道,排除混凝土,再接通泵管,检查管道及地泵无故障后,重新泵送。

e. 当需要暂时停止泵送时,可利用地泵内的混凝土进行慢速间歇正、反泵送,每隔____ ____分钟进行四个行程的正、反泵。

f. 每个工作班后,利用________将泵管内的混凝土挤出,然后用水将搅拌机、泵管冲洗干净。

引导问题 10:底板混凝土浇筑。

实习项目地下室基础底板板厚为________mm,________一次性浇筑到顶。

底板混凝土按照每个细分小区施工,以后浇带为施工缝,每次浇筑至少完成一个小区域。每段混凝土浇筑使用1台地泵或1台车载泵。整体浇筑顺序应配合好土方开挖进度及保证地泵施工方便，自________向________进行。

(1)基础底板混凝土浇筑时，板厚为________mm时，可一次性浇筑到顶，不留设施工缝。

(2)基础底板浇筑时，气泵配合地泵同时自________向________工作。

(3)混凝土振捣人员分________班，每班________组，每组配备________把振捣棒，以及________m刮杠、铁抹子、木抹子若干。

(4)在振捣底板混凝土时，用插入式振捣棒逐点振捣，每次移动距离不超过________mm，每次振捣时，要做到“快插慢拔”，并严格控制振捣________，不得过长或过短，以表面不再________，不再________，泛出灰浆为准。

(5)底板混凝土振捣过程中，两组振捣人员在交接处要相互交叉振捣________mm左右，防止有漏振或振捣不实现象。

(6)两班振捣人员倒班时，下班人员必须向上班人员交代清楚已振和未振部分，上班人员必须按下班人员交代的事项认真振捣，防止发生________现象。

(7)混凝土浇筑过程中，要注意墙体的混凝土接槎时间，每________h将墙体的接槎部分向前延伸，避免出现冷缝。

(8)浇筑前必须在模板上将标高放好，浇筑过程中必须用水准仪随时对砼标高进行测量，防止标高产生过大误差。

(9)浇筑地下室底板时必须随时用________m刮杠进行找平，同时带线检查坡度情况，底板为一次成型，对平整度要求高，必须进行严格控制；砼浇筑完成后进行原浆收面工作，此阶段也必须用水准仪配合吊线进行检查，确保坡度和标高的正确。

(10)浇筑地下室承台和底板时必须先浇筑________，方可浇筑底板，由于底板的浇筑是逐片推进的，推进时采用往返浇筑方法，往返浇筑时必须注意对时间的控制，防止出现水平和竖向冷缝。

底板分层浇筑现场照片如图9.3所示。底板浇筑完成照片如图9.4所示。

图9.3 底板分层浇筑现场

图 9.4　底板浇筑完成

引导问题 11：墙体混凝土浇筑。

(1)墙体混凝土浇筑前或对于新浇混凝土与下层混凝土结合处，应在地面上均匀浇筑__________ cm 厚与墙体混凝土成分相同的________或减石子混凝土，以确保混凝土底部不出现烂根现象。浇筑时，混凝土要用小桶均匀入模，不能直接灌入模内。

(2)混凝土浇筑时应采用全面分层浇筑、均匀上升的方法，沿墙板转圈浇筑，每圈的浇筑循环时间以________ h 左右为限，不可过慢也不可过快，每层浇筑厚度控制在________ mm 左右。以便于砼凝固过程中热量的________，减少砼墙板的微裂缝。浇筑时，下料点要分散布置，不得集中下料，每次的浇筑厚度要用标尺杆严格控制，备好手电筒或手把灯。同时，混凝土自由下落高度不得超过________ m，超过时，采用串筒或溜槽分层注入。

(3)墙体混凝土的施工缝留置在________部位。

(4)在振捣混凝土时，振捣点交错移动，每次移动距离不超过________ mm，且振捣棒要插入下一层混凝土________ mm，并且必须在下层混凝土初凝前振捣完，以确保混凝土的施工质量。

(5)在操作振捣器时，要做到"快插慢拔"，以防发生振捣不实或出现分层、离析现象。在振捣混凝土时，要掌握好振捣时间，不得过长，也不得过短，以混凝土表面不再__________，________，泛出灰浆为准。

(6)振捣混凝土时，振捣棒不能直接接触模板、钢筋、预留件、预埋件等以防发生移位。

(7)在门窗洞口两侧浇筑混凝土时要两侧同时对称浇筑，以免挤动模板。并要先浇筑洞口________，再浇筑洞口两侧墙面。大洞口模板下部要留有出气孔和观察口，以保证洞口下部混凝土浇筑密实。

(8)浇筑前,要先清除模内的杂物,并用适量________冲洗干净,但不得有积水。

(9)在浇筑过程中,要派专人负责修理钢筋,观察模板、预留(埋)件,及时发现问题并纠正。

(10)混凝土浇筑完毕时,对上口甩出的钢筋加以修整,依据墙水平控制线拉线后,用木抹子按预定标高找平,有高低差时,将高低差部分用混凝土浇筑密实。

(11)防水砼的技术要求如下。

①泵送砼必须满足《混凝土泵送施工技术规程》(JGJ/T 10—2011)和《混凝土质量控制标准》(GB 50164—2011)的要求。

②防水砼的技术要求必须符合《地下工程防水技术规范》(GB50108—2008)和《地下防水工程质量验收规范》(GB 50208—2011)的规定。

引导问题 12:柱混凝土浇筑。

(1)浇筑柱混凝土前,先在柱根部均匀地铺一层________mm 厚的与柱混凝土同配合比的减石子砂浆,以确保混凝土底部不出现烂根现象。混凝土要用小桶均匀入模,不能直接灌入模内。

(2)浇筑混凝土时要分层浇筑,每层浇筑厚度不超过________mm(用标尺杆控制),且混凝土浇筑高度不超过________m,若超过,采用由直径为 125mm 的泵管制成的串桶进行浇筑。

(3)在振捣混凝土时,振捣棒要插入下一层混凝土________mm 左右,确保上下层混凝土结合紧密。

(4)在操作振捣器时,要做到“快插慢拔”,同时,要掌握好振捣时间,防止过振和欠振。

(5)振捣混凝土时,振捣棒不能直接接触模板、钢筋等,以防发生移位。

(6)浇筑前,要先清除模内的杂物,并用适量________冲洗干净,但不得有积水。冬期施工时,模板、钢筋上不得含有冰雪、冰碴等。

(7)当梁柱节点处混凝土强度等级不同时,先浇筑________混凝土,然后再浇筑__________混凝土,以保证柱混凝土质量。

引导问题 13:梁、板、楼梯混凝土浇筑。

(1)浇筑梁、板混凝土时,由一端开始,采用“赶浆法”,先浇筑________,当达到板底位置时,再与板同时浇筑。

(2)梁混凝土振捣采用插入式振捣棒逐点振捣,每次移动距离不超过________mm,每次振捣时要做到“快插慢拔”,并严格控制振捣时间,不得过长或过短,以表面不再显著下沉,不再出现气泡,泛出灰浆为准。

(3)板混凝土振捣完后,要拉小白线控制标高,用________m 长的刮杠刮平后再用木抹子________,最后用硬毛刷拉毛。

(4)楼梯混凝土浇筑:浇筑楼梯混凝土时要先浇筑________混凝土,达到踏步位置时,与踏步混凝土一起浇筑,并随时用木抹子搓平,不断向上推进。

梁、板混凝土浇筑照片如图 9.5 所示。

引导问题 14:施工缝的留置与处理。

(1)基础底板混凝土宜一次性浇筑,不留施工缝。

图 9.5　梁、板混凝土浇筑

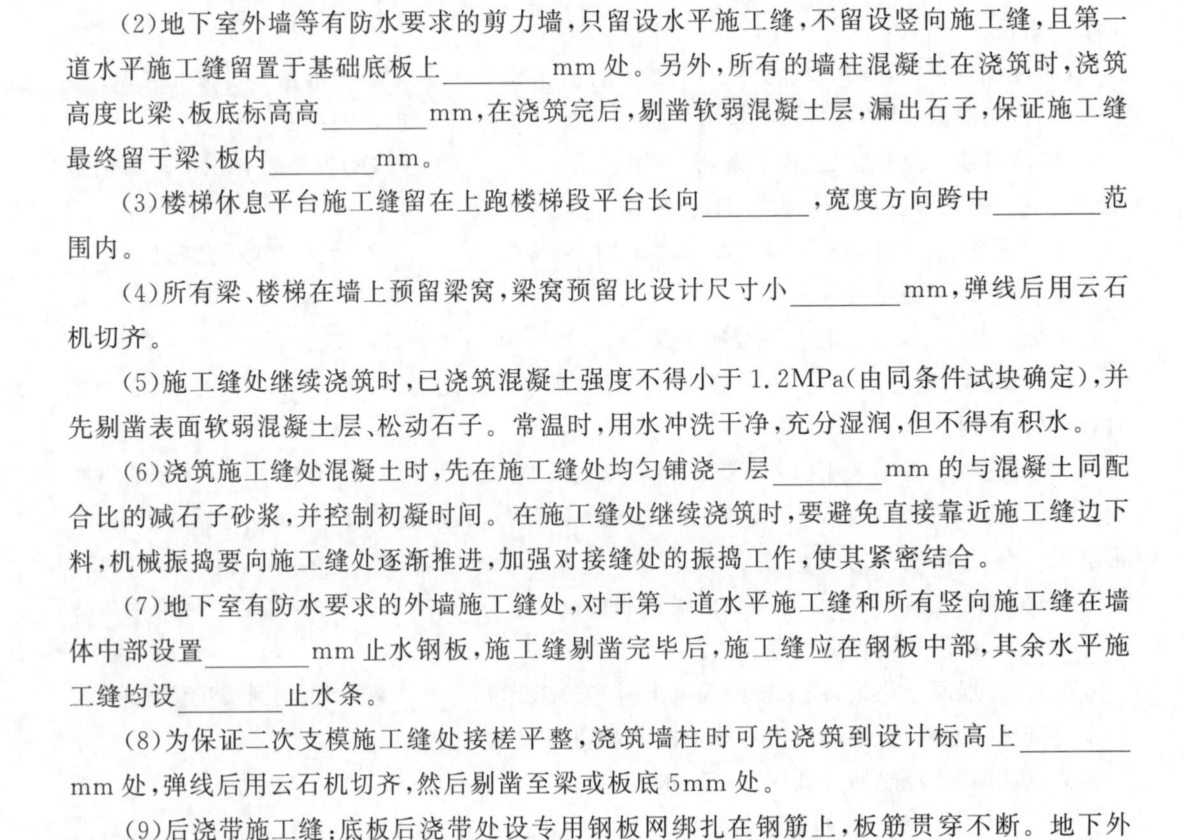

(2)地下室外墙等有防水要求的剪力墙，只留设水平施工缝，不留设竖向施工缝，且第一道水平施工缝留置于基础底板上________mm 处。另外，所有的墙柱混凝土在浇筑时，浇筑高度比梁、板底标高高________mm，在浇筑完后，剔凿软弱混凝土层，漏出石子，保证施工缝最终留于梁、板内________mm。

(3)楼梯休息平台施工缝留在上跑楼梯段平台长向________，宽度方向跨中________范围内。

(4)所有梁、楼梯在墙上预留梁窝，梁窝预留比设计尺寸小________mm，弹线后用云石机切齐。

(5)施工缝处继续浇筑时，已浇筑混凝土强度不得小于 1.2MPa(由同条件试块确定)，并先剔凿表面软弱混凝土层、松动石子。常温时，用水冲洗干净，充分湿润，但不得有积水。

(6)浇筑施工缝处混凝土时，先在施工缝处均匀铺浇一层________mm 的与混凝土同配合比的减石子砂浆，并控制初凝时间。在施工缝处继续浇筑时，要避免直接靠近施工缝边下料，机械振捣要向施工缝处逐渐推进，加强对接缝处的振捣工作，使其紧密结合。

(7)地下室有防水要求的外墙施工缝处，对于第一道水平施工缝和所有竖向施工缝在墙体中部设置________mm 止水钢板，施工缝剔凿完毕后，施工缝应在钢板中部，其余水平施工缝均设________止水条。

(8)为保证二次支模施工缝处接槎平整，浇筑墙柱时可先浇筑到设计标高上________mm 处，弹线后用云石机切齐，然后剔凿至梁或板底 5mm 处。

(9)后浇带施工缝：底板后浇带处设专用钢板网绑扎在钢筋上，板筋贯穿不断。地下外墙后浇带同外墙竖向施工缝的留置与处理。楼板后浇带的留置和处理方法同楼板施工缝。

后浇带内混凝土应在主体结构________后再浇筑。用于浇灌后浇带的混凝土应为比板混凝土强度等级________(低/高)一级的微膨胀混凝土,浇筑地下室底板前应先清理干净并浇水润湿,混凝土需浇捣密实并养护。

止水钢板照片如图9.6所示。

图9.6 止水钢板

引导问题15:混凝土养护。

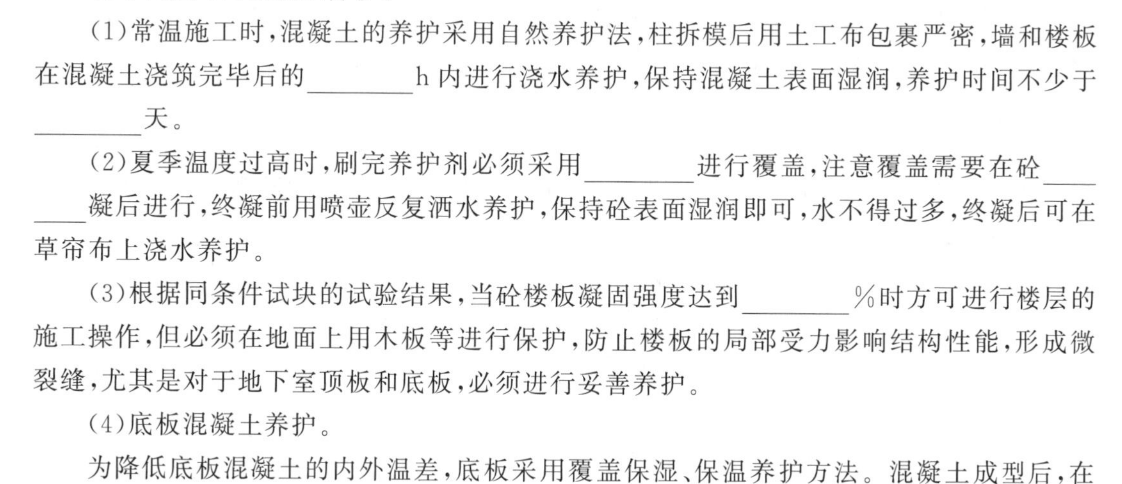

(1)常温施工时,混凝土的养护采用自然养护法,柱拆模后用土工布包裹严密,墙和楼板在混凝土浇筑完毕后的________h内进行浇水养护,保持混凝土表面湿润,养护时间不少于________天。

(2)夏季温度过高时,刷完养护剂必须采用________进行覆盖,注意覆盖需要在砼________凝后进行,终凝前用喷壶反复洒水养护,保持砼表面湿润即可,水不得过多,终凝后可在草帘布上浇水养护。

(3)根据同条件试块的试验结果,当砼楼板凝固强度达到________%时方可进行楼层的施工操作,但必须在地面上用木板等进行保护,防止楼板的局部受力影响结构性能,形成微裂缝,尤其是对于地下室顶板和底板,必须进行妥善养护。

(4)底板混凝土养护。

为降低底板混凝土的内外温差,底板采用覆盖保湿、保温养护方法。混凝土成型后,在混凝土表面覆盖一层________,并浇水进行保湿养护,及时进行监控,确保混凝土内部和表面或混凝土表面和大气之间的温差不大于________℃。

底板后浇带钢丝网及止水钢板照片如图9.7所示。

图 9.7　底板后浇带钢丝网及止水钢板

引导问题 16:混凝土试块的制作与留置。

(1)混凝土试块应在现场制作,即在混凝土从罐车倒入泵车后开始制作,且应抽取第________罐或其以后的混凝土,以防混凝土质量不均,代表性差。

(2)试块制作数量。每工作班、每楼层、每________m^3 的同配合比混凝土,取样次数不得少于一次,每次浇筑数量不足 $100m^3$ 时,也应取样一次。一次浇筑量大于________m^3 的,按每 $200m^3$ 进行取样。防水混凝土每________m^3 制作 2 组抗渗试块。

(3)每次取样数量。常温下,标养制作________组试块,墙柱另留一组同条件养护试块,以确定其强度是否达到 1.2MPa,能否拆除其模板;顶板另留 2 组同条件养护试块,以检验其强度是否达到设计强度的________%,确定能否拆除顶板模板。防水混凝土抗渗试块养护时间不小于 28 天,不大于________天。

(4)制作试块前,试模要干净,刷油,确保试模方正。制作后,及时在试块表面写明________、________、________等标识,并及时填写试块试验表格,以防混批。

(5)标养试块应放置在标养室内,并确保室内恒温________±________℃,相对湿度 90%以上,并有自动温、湿度控制装置和淋、排水装置。同条件试块按指定位置放置。

引导问题 17:现场混凝土施工存在的质量问题有____。

引导问题 18:成品保护措施。

(1)拆除模板时,严禁乱砸硬撬,模板拆除后立即进行阳角的保护,防止破坏混凝土棱角。

(2)混凝土强度未达到 1.2MPa 以前,严禁________和________。

(3)在混凝土上堆放物料时,应在其下部垫放________。

(4)支设脚手架时,立杆底部应垫________或________。

(5)浇筑混凝土的过程中,应对预埋件、预留洞做好防护,严禁乱拆、乱挪。

(6)浇筑基础底板混凝土时,严防尖锐物件________防水保护层。

(7)浇筑混凝土时,严禁硬扳硬撬钢筋,并应在墙柱钢筋上部包裹塑料布,以防污染钢筋。

(8)拆模后柱子护角采用________进行保护,用铁丝扎紧。

混凝土覆膜养护照片如图9.8所示。

图9.8 混凝土覆膜养护

引导问题19:质量通病防治。

(1)蜂窝:主要原因是混凝土一次下料过________,振捣不密实或漏振,模板缝隙处水泥浆流失等。

(2)露筋:钢筋垫块________、________,钢筋位移后未调整到位或梁、板底部振捣不密实都可能造成露筋。

(3)麻面、脱皮:拆模过早或模板表面未刷________,模板湿润度不够,表面粘有混凝土等都可造成混凝土麻面、脱皮。

(4)孔洞:主要原因是在钢筋密实处混凝土未________或振捣不够就继续浇筑上层混凝土。

(5)夹渣、裂缝:模板上杂物清理________,施工缝处未浇底浆或振捣不够可能会造成夹渣、裂缝。

(6)烂根:墙柱混凝土在浇筑前未按要求先均匀浇筑30～50mm厚的________,模板底部有缝隙,振捣时砂浆严重流失等会造成混凝土烂根。

混凝土烂根照片如图9.9所示。

图9.9 混凝土烂根

(7)洞口移位、变形:混凝土浇筑时,未从________侧均匀下料,混凝土直接冲击洞口模板,模板紧固不够都是造成洞口移位、变形的主要原因。

(8)钢筋移位、变形:混凝土浇筑时,未保护好钢筋或钢筋定位措施不够,混凝土浇筑时对移位钢筋未及时纠正等会造成钢筋移位、变形。

引导问题20:安全技术措施。

(1)浇筑结构墙柱混凝土时,应搭设脚手架,不得站在________或________上操作,脚手架应牢固可靠,作业面上应满铺脚手板。

(2)浇水养护时应注意楼面上的障碍物和________,拉移胶皮管线时不得倒退行走。

(3)输料管要支设牢固。浇筑混凝土时,泵管口不得对准人,严防混凝土________。

(4)清洗混凝土泵时,不要将泵管口对准人,以防皮球冲出后伤人。

(5)振捣器必须装有________电保护装置,操作人员必须戴绝缘手套和穿胶鞋,以防触电。

(6)现场作业人员必须佩戴个人________用品,精力集中,不得嬉戏打闹。

(7)施工过程中各方人员必须分工明确,互相配合,统一听指挥,采用对讲机进行协调。

(8)在拖动布料杆时,除操作人员应注意脚下以免踏空外,还必须防止布料杆的摆动伤人。

(9)应经常检查泵管和接头处,防止接头________或泵管过度磨损爆裂伤人。

(10)________不得私自开动混凝土泵等,也不得随便打开、触动电气设备等。

(11)现场安全员及混凝土工长应经常检查混凝土泵送过程中可能会出现的安全隐患,并及时通知机械修理工及施工人员,力求________安全问题。同时,混凝土工在浇筑混凝土

时，应时刻注意异常情况，把安全意识记在心头。

(12)混凝土泵料斗上方的方格网在作业中不得随意________。

(13)泵机运转时，严禁将手伸入料斗、水箱，严禁蹬踏料斗。

(14)管路堵塞经处理后进行泵送时，软管末端会急速摆动，混凝土可能瞬间喷射，工作人员不得________软管。

9.6 评价反馈

(1)请依据本章任务对学习成果进行自我评价，并将结果填入表9.1。

表9.1 学生自评表

班级： 姓名： 学号：			
学习情境	混凝土工程施工		
评价项目	评价标准	分值	得分
混凝土分项工程的工作内容	熟悉混凝土分项工程包含哪些工作内容	5	
混凝土外加剂	掌握各种混凝土外加剂的功能	10	
混凝土施工准备	能组织进行混凝土施工前的准备工作	5	
混凝土施工机具	熟悉混凝土施工所需机械和设备	5	
混凝土的搅拌、运输与接收	掌握混凝土的搅拌、运输要求，能对进场混凝土进行检验	5	
混凝土浇筑	能组织现场进行主体结构混凝土浇筑，熟悉主体结构混凝土浇筑顺序及注意事项	25	
混凝土养护与成品保护	熟悉混凝土养护方法，并能对浇筑完成的混凝土进行成品保护	10	
质量通病	熟悉混凝土质量通病产生的原因，并能对现场混凝土质量通病进行分析和预防	10	
施工安全	熟悉混凝土施工安全防护知识，能对混凝土施工现场进行安全管理	5	
工作态度	态度端正、谦虚好学、认真严谨	5	
工作质量	能按计划完成工作任务	5	
职业素养	能服从安排，具有较强的责任意识和工匠精神	10	
合计		100	

(2)教师根据本章任务对学生学习成果进行综合评价，并将结果填入表9.2。

表 9.2 教师综合评价表

班级： 姓名： 学号：

学习情境		混凝土工程施工		
评价项目		评价标准	分值	得分
考勤		无无故迟到、早退、旷工现象	10	
工作过程	混凝土分项工程的工作内容	熟悉混凝土分项工程包含哪些工作内容	5	
	混凝土外加剂	掌握各种混凝土外加剂的功能	5	
	混凝土施工准备	能组织进行混凝土施工前的准备工作	5	
	混凝土施工机具	熟悉混凝土施工所需机械和设备	5	
	混凝土的搅拌、运输与接收	掌握混凝土的搅拌、运输要求，能对进场混凝土进行检验	5	
	混凝土浇筑	能组织现场进行主体结构混凝土浇筑，熟悉主体结构混凝土浇筑顺序及注意事项	15	
	混凝土养护与成品保护	熟悉混凝土养护方法，并能对浇筑完成的混凝土进行成品保护	5	
	质量通病	熟悉混凝土质量通病产生的原因，并能对现场混凝土质量通病进行分析和预防	5	
	施工安全	熟悉混凝土施工安全防护知识，能对混凝土施工现场进行安全管理	5	
	工作态度	态度端正、谦虚好学、认真严谨	5	
	工作质量	能按计划完成工作任务	5	
	职业素养	能服从安排，具有较强的责任意识和工匠精神	5	
项目成果	工作完整	能按时完成任务	5	
	工作规范	工作成果填写规范	5	
	成果展示	能准确汇报工作成果	10	
合计			100	

综合评价	自评(30%)	教师综合评价(70%)	综合得分

9.7 拓展思考题

(1)大体积混凝土防裂技术有哪些？

(2)什么是混凝土的和易性？现场采用什么方法测定混凝土的流动性指标？

9.8 学习情境相关知识点

知识点1:混凝土施工质量标准。

(1)混凝土试块必须按规定取样、制作、养护和试验,其强度评定符合《混凝土强度检验评定标准》(GB/T 50107—2010)的要求。

(2)混凝土所用的水泥、水、骨料、外加剂等必须符合规范及有关规定,检查出厂合格证或试验报告是否符合质量要求。

(3)混凝土配合比设计、原材料计量、养护、振捣和混凝土施工缝的处理,必须符合施工规范规定。

(4)混凝土不宜出现表9.3中的一般缺陷,严禁出现严重缺陷。

表9.3 混凝土质量检查表(1)

名称	现象	严重缺陷	一般缺陷
露筋	构件内钢筋未被砼包裹而外露	纵向受力钢筋有露筋	其他钢筋有少量露筋
蜂窝	砼表面缺少水泥砂浆而形成石子外露	构件主要受力部位有蜂窝	其他部位有少量蜂窝
孔洞	砼中孔穴深度和长度均超过砼保护层厚度	构件主要受力部位有孔洞	其他部位有少量孔洞
夹渣	砼中夹有杂物且深度超过砼保护层厚度	构件主要受力部位有夹渣	其他部位有少量夹渣
疏松	砼中局部不密实	构件主要受力部位有疏松	其他部位有少量疏松
裂缝	裂缝从砼表面延伸至砼内部	构件主要受力部位有影响结构性能和结构使用功能的裂缝	其他部位有少量不影响结构性能和使用功能的裂缝
连接部位缺陷	构件连接处砼缺陷及连接钢筋、连接件松动	连接部位有影响结构传力性能的缺陷	连接部位有基本不影响结构传力性能的缺陷
外形缺陷	缺棱掉角、棱角不直、翘曲不平、飞边凸肋等	清水砼构件有影响使用功能或装饰效果的外形缺陷	其他砼构件有不影响使用功能的外形缺陷
外表缺陷	构件表面麻面、脱皮、起砂、玷污等	具有重要装饰效果的清水砼构件有外表缺陷	其他砼构件有不影响使用功能的外表缺陷

(5)砼结构尺寸必须达到或超过高于国家标准的企业标准，混凝土质量检查表(2)如表9.4所示。

表9.4　混凝土质量检查表(2)

<table>
<tr><th colspan="3">项目</th><th>允许偏差</th><th>检验方法</th></tr>
<tr><td rowspan="4">轴线位置</td><td colspan="2">基础</td><td>10mm</td><td rowspan="4">钢尺检查</td></tr>
<tr><td colspan="2">独立基础</td><td>8mm</td></tr>
<tr><td colspan="2">墙、柱、梁</td><td>5mm</td></tr>
<tr><td colspan="2">剪力墙</td><td>3mm</td></tr>
<tr><td rowspan="3">垂直度</td><td rowspan="2">层高</td><td>≤5m</td><td>3mm</td><td>经纬仪或吊线、钢尺检查</td></tr>
<tr><td>>5m</td><td>4mm</td><td>经纬仪或吊线、钢尺检查</td></tr>
<tr><td colspan="2">全高(H)</td><td>H/1000且≤20mm</td><td>经纬仪、钢尺检查</td></tr>
<tr><td rowspan="2">标高</td><td colspan="2">层高</td><td>±7mm</td><td rowspan="2">水准仪或拉线、钢尺检查</td></tr>
<tr><td colspan="2">全高</td><td>±20mm</td></tr>
<tr><td colspan="3">截面尺寸</td><td>+5mm，−3mm</td><td>钢尺检查</td></tr>
<tr><td rowspan="2">电梯井</td><td colspan="2">井筒长、宽对定位中心线</td><td>+15mm，0mm</td><td>钢尺检查</td></tr>
<tr><td colspan="2">井筒全高(H)垂直度</td><td>H/1000且≤20mm</td><td>经纬仪、钢尺检查</td></tr>
<tr><td colspan="3">表面平整度</td><td>3mm</td><td>2m靠尺和塞尺检查</td></tr>
<tr><td colspan="2" rowspan="3">预埋设施中心线位置</td><td>预埋件</td><td>5mm</td><td rowspan="3">钢尺检查</td></tr>
<tr><td>预埋螺栓</td><td>3mm</td></tr>
<tr><td>预埋管</td><td>2mm</td></tr>
<tr><td colspan="3">预留洞中心线位置</td><td>10mm</td><td>钢尺检查</td></tr>
<tr><td colspan="3">阴阳角方正</td><td>3mm</td><td>直角检测尺检查</td></tr>
<tr><td colspan="3">滴水线平直</td><td>2mm</td><td>拉线检查</td></tr>
</table>

(6)砼表面光滑、洁净、无明显接槎、基本无漏浆现象。

知识点2:混凝土施工质量保证措施。

为确保本工程质量目标的实现，常采取以下措施。

(1)模板拼缝处用海绵条填塞，以防浇筑混凝土时漏浆。

(2)模板支设时采取专门措施，以在接槎处形成一条小凹槽，防止产生漏浆。

(3)为保证二次支模施工缝处接槎平整，考虑剔凿软弱混凝土层和松动石子，在浇筑墙柱时先浇筑到设计标高以上50mm处，梁窝预留比设计宽度小50mm，弹线后用云石机切齐，注意墙柱剔凿至梁或板底设计标高以上5mm处。

(4)施工缝处的处理严格按施工规范进行，再次浇筑前，剔凿表面软弱混凝土层和松动石子，浇水湿润后浇30～50mm厚的与混凝土同配合比的减石子砂浆。

(5)浇筑过程中，用标尺杆严格控制混凝土的分层厚度，用串筒、溜槽保证混凝土浇筑时的自由下落高度，并严格控制混凝土的振捣时间，防止过振和欠振。

(6)在浇筑墙柱混凝土时,要在其底部先均匀铺一层50～100mm厚的与混凝土同配合比的无石子砂浆,以确保混凝土底部不出现烂根现象。若混凝土浇筑时间过长,在浇筑过程中,可向搅拌站再要一次砂浆。

(7)混凝土分层浇筑,每层浇筑高度必须控制在400mm内。具体控制方法为:浇筑墙柱混凝土时,制作标尺杆,备好手电筒或手把灯,浇筑时,采用串筒分层注入(或将泵管直接伸入墙柱内),串筒采用彩条布制作,将彩条布卷成筒状,用小白线缝好后,与泵管口绑扎,将串筒伸入墙柱内,确保混凝土自由下落高度不超过2m。串筒与泵管口绑扎时,一定要包扎紧密,严实,防止其脱落。分层控制以标尺杆为依据,在标尺杆上预先标好分层厚度(400mm),用红油漆标志,将标尺杆伸入墙柱内,浇筑混凝土时,用手电筒或手把灯照明,观察到混凝土浇筑至标尺杆底时,即停止浇筑,开始振捣。振捣混凝土时,在振捣棒软管上系小白线,作好标志,保证每次振捣时振捣棒伸入下层混凝土50mm。严防振捣不到位,影响混凝土质量。

(8)在振捣混凝土时,振捣棒要插入下层混凝土50mm左右,并应在下层混凝土初凝前进行,以确保混凝土的施工质量。振捣棒不能直接接触模板、钢筋、预留件、预埋件等,以防发生移位。

(9)在洞口两侧浇筑混凝土时要两侧同时对称浇筑,以免挤动模板。并应先浇筑洞口底部,再浇筑洞口两侧墙面。在墙上的窗洞口尺寸过大时,在模板上开口,留出检查和浇捣洞口,随时观察窗洞下部的混凝土浇筑情况,待混凝土浇筑至洞口下部时,封闭模板孔,并做好加固工作,再继续浇筑混凝土,确保窗洞下部混凝土浇筑密实。窗洞口不太大时,混凝土可振捣至窗洞下部。为保证窗洞下部混凝土浇筑密实,窗洞下部模板留置2个出气孔,并派人随时敲打窗洞下部模板,发现有不密实处,及时通知混凝土工。

(10)防止混凝土在浇筑过程中出现冷缝,在混凝土浇筑过程中,严格控制浇筑次序,在施工缝处混凝土浇筑完3h内,必须用同强度等级的混凝土覆盖浇筑一次。

(11)混凝土罐车到达现场后,试验人员要对混凝土的坍落度做试验,对坍落度过大或过小且原因不明的混凝土要坚决退回。若因混凝土现场待机时间过长而造成混凝土坍落度损失过大,可采用添加减水剂法增大混凝土的坍落度,但必须保证混凝土在初凝前能全部浇筑完毕,且被上层混凝土覆盖。

(12)混凝土泵润管和洗管用水应用吊斗吊至楼下放入沉淀池,严禁浇筑在楼层上。

模块10

砌体工程施工

QITI GONGCHENG SHIGONG

10.1 学习情境描述

砌体工程由砂浆制备、搭设脚手架、材料及机具的运输、砖石砌筑等施工过程组合而成。砌体工程的施工质量直接影响着装饰装修工程施工的正常开展，也直接影响着建筑物的后期使用。依据实习项目，了解砌体工程施工内容、过程、原则及特点，对砌体工程有较深入的认识。

10.2 学习目标

(1)能说出不同砌筑砂浆的特点及适用环境。
(2)能组织完成现场砌体工程施工的准备工作。
(3)掌握蒸压加气混凝土砌块施工工艺。
(4)掌握砌筑验收标准。
(5)熟悉砌体工程质量通病及预防措施。

10.3 工作任务

结合实习项目，了解砌体工程施工工艺和质量通病防治方法，并能做好现场砌体施工组织、检验和成品保护工作。

10.4 工作准备

(1)阅读实习项目结构图等，理解图纸内容。
(2)调查砌体施工工艺。

10.5 工作实施

引导问题1：砌筑砂浆。

砌筑砂浆包括水泥砂浆、混合砂浆和________砂浆等。水泥砂浆和混合砂浆宜用于砌筑潮湿环境及强度要求较________的砌体，对于湿土中砌筑一般采用________，因为水泥是水硬性胶凝材料，能在潮湿的环境中结硬，增大强度。石灰砂浆宜砌筑干燥环境砌体和干土中的基础，以及强度要求不高的砌体，因为石灰是气硬性胶凝材料，在干燥的环境中能吸收空气中的二氧化碳结硬；反之，在潮湿的环境中，石灰不但难以结硬，还会出现________的现象。

在一般情况下，基础砌筑采用 M5 水泥砂浆；基础以上的墙采用 M2.5 或 M5 混合砂浆；砖拱、砖柱及钢筋砖过梁等采用 M5、M10 水泥砂浆；楼层较低或临时性建筑一般采用石灰砂浆。具体要求仍由设计决定。

引导问题 2：请调查现场砌筑材料并完善表 10.1。

表 10.1 实习现场砌筑材料表

工程部位	地下室隔墙	电梯间	楼梯间	其他内隔墙
砌块材料				
砌块强度等级				
砌块等级				
砌筑砂浆强度等级				
砂浆材料				
砌块允许容重				

引导问题 3：拉结筋。

(1)砌体填充墙与主体结构间，应沿柱（混凝土墙）每隔________mm 配置________墙体拉结筋（墙厚大于 240mm 时设置________拉结筋）。

(2)砌体填充墙的墙段长度大于________m 时，墙长大于两倍层高时，墙顶宜与板底或梁底拉结，墙体中部应设钢筋混凝土构造柱。

(3)凡柱与圈梁、过梁连接处，均应按建筑图中墙的位置及门洞高度，预留拉结筋。

(4)凡柱与砌体填充墙连接处，均应按建筑图中墙的位置，在柱内预留插筋，伸出柱边________d。

(5)涉及砌体与钢筋混凝土柱、构造柱的拉结，墙顶与现浇梁底的连接均按《建筑物抗震构造详图》各节点详图施工。所有钢筋混凝土框架柱、构造柱与填充砌体连接处及纵横砌体连接处沿砌体高________设________拉筋，沿墙长全长贯通，有门窗洞口时伸至门窗洞口边。

引导问题 4：砌体工程施工技术准备。

(1)首先熟悉并审查图纸及会审记录、工程变更等内容。掌握砌筑工程的长度、宽度、高度等几何尺寸，以及墙体的轴线、标高、构造形式等。审查图纸，如有问题应及时通过________与设计方联系，并得到确认。根据图纸、规范、标准图集及工程情况等内容，及时对班组进行砌体工程施工质量、安全交底。

(2)________组织编制、报审施工方案。根据施工合同、施工图纸、设计交底、图纸会审记录及施工组织设计、施工方案对现场施工管理人员进行技术交底，交底内容应特别强调墙体的组砌方式、拉结筋方式、墙顶斜砌方式，以及临边作业、电梯井边的安全作业方式等。委托试验室进行________砂浆配合比设计。

(3)在结构上弹好________mm标高水平线,并弹上门洞、窗台高度的控制线与门洞位置线,在结构墙柱上弹好砌体的立边线。根据弹好的门窗洞口位置线,认真核对窗间墙长度尺寸是否符合排砖模数,并要注意外墙窗边线的上、下各一条线。

引导问题5:人员准备。

(1)实习工程砌筑工程量总计约________m^3,拟安排________个施工班组进行砌筑。砌筑施工人员根据现场实际情况安排。

(2)项目部配备________名专职质检员、技术员和________名专职安全员进行协同管理,保证施工的质量、进度及安全。

(3)计量人员应熟知计量器具的检校周期、计量精度和使用方法,确保准确计量。搅拌机操作人员必须持证上岗,熟知操作规程和搅拌制度,操作熟练。砌筑人员应熟知砌筑的有关要求,操作熟练。

引导问题6:主要机具准备。

(1)机械设备。

现场配备砂浆搅拌机________台、预拌砂浆一体罐________个,塔式起重机________台、施工电梯________台等。主要用于运输砌块、砂浆等建筑材料和施工人员。

(2)主要工具。

①测量、放线、检验:皮数杆、水准仪、经纬仪、2m靠尺、楔形塞尺、托线板、线坠、百格网、钢卷尺、水平尺、小线、砂浆试模、磅秤等。

②施工操作:砌块专用工具有铺灰铲、锯、钻、镂、平直架等,并配备手推车________辆、冲击钻________台、吹风机________台,用于植筋打孔,以及瓦刀、木锤、灰桶若干。

引导问题7:作业条件及现场准备。

(1)填充墙施工前,承重结构已施工完毕,并经过________验收。

(2)清理作业面,按标高找平结构面,依据图纸弹好轴线、砌体边线、构造柱位置线、门窗洞口位置线,进行预检验,其应符合图纸设计及相关验收规范的要求。对于基层不平的现象,可采取剔凿或补抹砂浆的措施,楼板表面的浮浆必须凿除,待基层清理干净后要及时进行抄平放线工作。

(3)对进场砌块的型号、规格、数量、质量、堆放位置、次序等进行检查、验收,其应能满足施工要求。现场备好足够的砌块,并提前浇水。砂浆按配合比搅拌,并留置好试块。

(4)所需人员应已到位,所需机械设备应准备就绪。

(5)皮数杆的制作:依照砌块尺寸,控制灰缝在________mm制作皮数杆,在相应墙、柱混凝土结构上进行标注。

(6)准备好操作架子和卸料脚手架平台。

(7)各种机械设备经试运转达到正常,用电设备按三相五线制及________级保护进行设置。

(8)操作面的周围必须有可靠的安全________,并符合安全规定。

(9)预制构件制作:按照图纸设计要求制作斜顶砖异型块等,要求尺寸准确,混凝土内实外光,堆放整齐,且需在每个构件上标明规格、成型日期、正反面。

(10)基层找平:依照皮数杆,采取从门窗洞口倒排的顺序,确定基层的找平________,厚度20mm以内时,采用砂浆进行找平;当找平厚度超过20mm时,需要采用________进行找平;当厚度达到可砌筑实心砌块的厚度时,即在墙体底部砌实心砌块进行找平。

(11)卫生间、厨房等有防水要求的房间，须按要求在除门洞位置外的其余墙体底部做现浇混凝土带，混凝土标号为________，高度不小于________mm，厚度同相应位置墙体设计厚度。

(12)拉结筋：根据设计要求及工程砌体规格，墙体拉结筋按高度方向每隔________mm配置________，要求其伸入墙内的长度不应小于墙长的________，且其长度不得小于________mm，钢筋末端应做90°弯钩。实习工程拉结筋采用________设置，若为植筋，植筋深度要求不小于15d(d为所植钢筋的直径)，其施工工艺过程为：钻孔(拉结筋用ϕ8mm钻杆)→清洗灰尘→吹干→________→植筋→固化，并经过隐蔽验收。

(13)砂浆、混凝土在试验室内做好试配，准备好砂浆、混凝土试模，施工机械、施工器具、材料应准备到位。

引导问题8：墙体砌筑。

(1)对于蒸压加气混凝土砌块，砌筑前应提前1～2天浇水湿润，一定要浇饱满，砌筑时向砌块砌筑面洒水1～2遍，表面湿水深度为________mm。

(2)埋土内的墙体一般采用________砖，各管井均做200mm高C15素混凝土门槛，厚度同墙厚。

(3)不同干密度和强度等级的加气混凝土________(可以/不得)混砌，加气混凝土砌块也不得与其他砖、砌块混砌，但在墙底、墙顶及门窗洞口处局部采用水泥砖砌筑不视为混砌。

(4)砌筑时严格控制墙体平整度和________度，根据墙体厚度采取单面或双面挂线的砌筑方法；挂线时注意两头皮数杆标高要一致，较长的墙体中间应加________，以防由于线长出现塌腰的现象。砌筑时随时检查并校正墙体平整度和垂直度。

(5)砌块砌筑采用"一铲灰、一块砖、一揉压、一灌缝"的方法，先用大铲、灰刀进行分块铺灰，一次铺灰长度不宜超过________mm，相邻砌块安装校正后，立即用工具或夹板夹住进行灌缝灌浆。如需要移动已砌好的砌块，则清除________，重铺新砂浆砌筑。砌体灰缝横平竖直，砂浆饱满密实，深浅一致，水平灰缝及竖向灰缝的砂浆饱满度均不小于90%。砂浆灌入垂直缝后，随即进行灰缝的勒缝(原浆勾缝)，勾缝深度为1～3mm。蒸压加气混凝土砌块水平灰缝厚度及竖向灰缝宽度均为________mm(横竖缝均不得小于8mm)。

蒸压加气混凝土砌块砌筑时错缝搭砌，相互错开长度宜为300mm，搭砌长度不小于150mm；墙体的个别部位不能满足上述要求时，必须在墙体中设置拉结筋或钢筋网片，其长度不小于________mm，但竖向通缝仍不得超过________皮砖。

砌块墙的转角处，隔皮纵、横墙砌块相互搭砌，砌块墙的T字交接处，横墙砌块隔皮端面露头。转角及纵横交接处，隔皮加设连接钢筋，墙体的施工缝处必须砌成斜槎，斜槎长度不小于高度的________。

转角及T字交接处搭砌示意图如图10.1所示。

(6)每层砌筑开始时，从转角或定位砌块处开始向一侧进行，内外墙同时砌筑。砌块缓慢垂直平稳下落，避免冲击已砌墙体，用人力推动或用小撬棍、瓦刀轻微撬动就位。每一砌块就位后拉线，用靠尺板校正水平度和垂直度，如有偏差，用木锤轻轻敲击纠正。

(7)砌块每次砌筑高度控制在________m或一步脚手架高度，雨天施工每次砌筑高度不超过________m，待前次砌筑砂浆终凝后再继续砌筑，日砌筑高度不大于________m。砌至接近梁、板底时，预留190mm左右的空隙。

(8)如设计未注明，构造柱的转角和纵横墙交界处应同时砌筑。因特殊原因不能同时砌

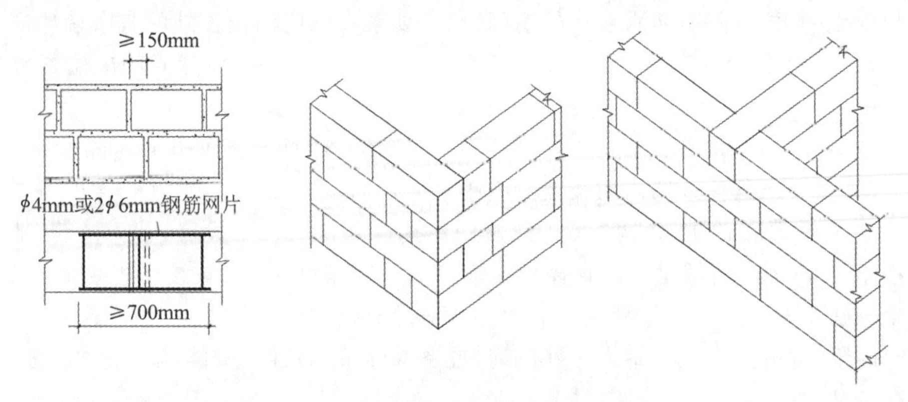

图 10.1　转角及 T 字交接处搭砌示意图

筑时，或在其他需留置的临时间断处，施工缝留成斜槎，斜槎水平投影不小于砌体高度。如留槎确有困难，必须沿墙高每隔________mm 内设置________拉结筋，钢筋伸入墙内，对于轻骨料小型砌块不小于________mm，对于蒸压加气混凝土砌块不小于________mm。砌体墙转角处在水平灰缝中放置________拉结筋，钢筋伸入墙内不小于 700mm，竖向间距不大于 1.0m。当墙体拐角处未设构造柱时，应按图 10.2 设置墙体加强筋。

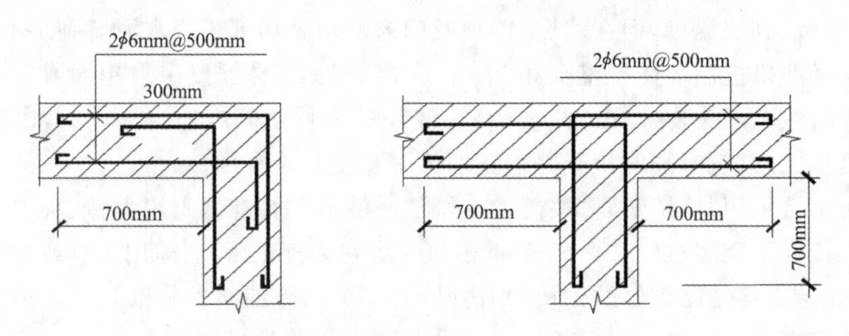

图 10.2　转角及 T 字交接处加强筋示意图

砌体窗台处构造应满足下列要求：窗台处应采用现浇或预制钢筋混凝土窗台板，板厚不宜小于________mm，纵向钢筋为________，横向钢筋为________，梁两端各伸入砌体不应小于________mm。

(9)门窗洞口的砌筑应符合下列要求。

本工程入户门在门洞口两侧墙体底部反坎向上按照"隔一放一"的原则间隔放置预制混凝土砌块，直至过梁底部。窗洞口两侧在窗台上放置第一块，然后向上按照"隔一放一"的原则间隔放置预制混凝土砌块，直至过梁底部。最上部或最下部的混凝土砌块或灰砂砖砌体的中心距洞口底部、顶部的距离不大于________mm。中间预制混凝土砌块的中心间距不大于 400mm，门窗洞口两侧对称设置，过梁底部必须为预制混凝土砌块。

(10)加气混凝土砌块墙上不得留脚手眼。

(11)临时施工洞口。

原则上不允许在填充墙上设置临时施工洞口，确需设置时，必须有项目部的书面通知和示意图。

①在墙上留设临时施工洞口，其侧边离交接处外墙面不小于________mm，洞口净宽度不超过 1m，沿墙高每隔 500～600mm 在水平灰缝内预埋不少于________的钢筋，钢筋埋入

长度从留槎处算起每边均不小于700mm,洞口顶部设置过梁,可采用相同或类似洞口所采用的过梁。

②临时施工洞口须做好补砌工作。采用加气混凝土砌块和原砌砂浆补砌,不得用其他材料填塞。

(12)空调、排气等管预埋。

在砌筑时,对施工图纸要求的墙上预留孔洞、管道、沟槽和预埋件等,必须仔细看测放的线,并认真结合建筑及相关专业图纸在砌筑时预留或预埋,以免返工,________(可/不得)在砌好的墙体上凿洞。

(13)水电线槽预留。

在楼板和梁下,局部有水电专业的预留管外露,施工过程中,必须将砌块用切割机在砌块上开槽,后用扦子小心开凿。

引导问题9:灰缝勾缝。

要求墙体两面采用"原浆随砌随勾缝法",先勾________(水平/竖向)缝,后勾________(水平/竖向)缝。每砌筑完成三线砌体,就用定型的勾缝条勾缝,该勾缝条可采用________制作,将灰缝拖成凹缝,要求低于砌块表面3～5mm,每天砌筑的墙面必须当天清扫干净。

引导问题10:构造柱施工。

(1)构造柱按设计要求设置,截面为墙宽×________mm,配纵筋________,箍筋______(纵向钢筋搭接长度范围内的箍筋间距不大于200mm且不少于4根箍筋),在上下楼层梁相应位置各留置4C12钢筋与构造柱纵筋连接,上下端400mm长度范围内,箍筋间距加密到100mm;构造柱与砖墙交接处,应设墙体拉筋。

(2)按下列顺序施工:预埋或后置钢筋→绑扎钢筋→________→支模板→浇捣混凝土。

(3)构造柱钢筋未预留的采取植筋,植筋执行《混凝土结构加固设计规范》(GB 50367—2013),植筋钻孔深度为________d(d为钢筋直径)。

(4)构造柱的竖向受力钢筋,绑扎前必须做除锈、调直处理,构造柱的竖向受力钢筋需要接长时,采用绑扎接头,其搭接长度为________倍竖向钢筋直径,4根角部钢筋错开搭接,在绑扎接头区段内,箍筋间距为________mm。在逐层安装模板之前,必须根据构造柱轴线校正竖向钢筋位置和垂直度,箍筋间距准确,并分别与构造柱的竖筋和圈梁的纵筋相垂直,绑扎牢靠。构造柱钢筋的混凝土保护层厚度一般为20mm,并不应小于15mm。

(5)构造柱钢筋绑完后,应先砌墙,在构造柱处留出马牙槎,再浇构造柱混凝土。砌砖墙时,从每层构造柱脚开始,砌马牙槎先________(退/进)后________(退/进),以保证构造柱脚为大断面,当马牙槎齿深为120mm时,其上口可采用一皮进60mm,再一皮进120mm的方法,以保证混凝土浇筑后,上角密实。马牙槎内的灰缝砂浆必须密实饱满,其水平灰缝砂浆饱满度不低于80%。

(6)构造柱模板必须在各层墙砌好后,待砌筑砂浆强度大于________MPa时,方可分层支设;构造柱和圈梁的模板,都必须与所在砌体墙面严密贴紧,支撑牢靠,堵塞缝隙,以防漏浆。

(7)在浇筑构造柱混凝土前,必须将砌体墙和模板浇水湿润,并将模板内的砂浆残块、砖渣等杂物清理干净。为了便于清理,可事先在砌墙时,在各层构造柱底部(圈梁面上)留出二皮砖高的洞口,浇灌前先清除孔洞内的砂浆等杂物,用水冲洗后立即用砌体将洞口封闭,并注入适量与构造柱混凝土相同的水泥砂浆。构造柱混凝土的坍落度一般为50～70mm，以保证浇筑密实，亦可根据施工条件、气温，在保证浇捣密实的情况下加以调整。其混凝土浇筑可分段进行，每段高度不大于2m，或每个楼层分两次浇筑。在施工条件较好，并能保证浇捣密实时，亦可每一楼层浇筑一次。浇捣构造柱混凝土时，宜用插入式振动器，分层捣实，振捣棒随捣随拔，振捣层的厚度不得超过振捣棒有效长度的1.25倍，一般为200mm左右；振捣时，应避免振捣棒直接触碰钢筋和砌体墙体，严禁通过砌体墙体传振，以免墙体鼓肚和灰缝开裂。

(8)在砌完一层墙后和浇筑该层构造柱混凝土前，及时对已砌好的独立墙体加设稳定支撑，必须在该层构造柱混凝土浇捣完毕后，才能进行上一层的施工。

引导问题11：顶砖砌筑。

对于砌体顶部构造，砌体砌至接近梁、板底时，预留180mm左右的空隙，待砌体砌筑完毕至少间隔________天后再将其补砌顶紧。补砌顶紧采用配套砌块和灰砂砖斜顶砌筑，顶砌块斜砌角度约为________，空隙处用砂浆填实，砂浆应饱满。

顶砌块斜顶操作工艺：铺灰→挂浆→压浆→向上倾斜→顶紧、补浆。确保顶砌块与混凝土梁板之间的灰缝厚度饱满密实，水平缝厚度同相应主砌块，斜缝厚度为10mm左右。

引导问题12：请结合实习项目完成质量验收内容。

(1)轻质小型砌块的品种和强度等级须符合设计要求，具有产品合格证书及产品____________报告。砌块材料必须进行进场验收和取样复检，合格后方可使用。

(2)砌筑砂浆的品种和强度须符合设计要求。

同一检验批砂浆试块抗压强度平均值必须大于或等于设计强度等级所对应的立方体抗压强度，同一检验批砂浆试块抗压强度的最小一组平均值必须大于或等于设计强度等级所对应的立方体抗压强度的________倍。

砌筑砂浆的检验批，同一类型、强度等级的砂浆试块应不少于3组。当同一检验批只有一组试块时，该组试块抗压强度的平均值必须________设计强度等级所对应的立方体抗压强度。

(3)连系梁和构造柱的设置、门窗洞口构造须符合规范及设计要求。

(4)砌体中各种拉结筋的位置、________、长度和施工质量须符合规范及设计要求。

(5)轻质小型砌块砌体的砂浆饱满度不应小于________%，检查方法：采用百格网检查块材底面砂浆的黏结痕迹面积。每步架子抽检部位不少于3处，且每处不应小于3块。

(6)砌筑填充墙时应错缝搭砌，蒸压加气混凝土砌块搭接长度不应小于砌块长度的1/3。检查方法：用眼观察和用尺检查。在检验批的标准件中抽查________%，且不应少于3件。

(7)填充墙体的灰缝厚度和宽度应正确。蒸压加气混凝土砌块的水平和竖向灰缝宽度分别宜为15mm和20mm。在检验批的标准件中抽查________%，且不应少于3件。

(8)填充墙砌至接近梁、板底时，应留一定空隙，待填充墙砌筑完并应至少间隔______d后，再将其补砌挤紧。检查方法：观察法。每检验批抽检10%的填充墙片，且不应少于3片。

(9)填充墙砌体一般尺寸允许偏差表如表10.2所示。

表 10.2 填充墙砌体一般尺寸允许偏差表

项次	项目	允许偏差(mm)	检验工具
1	轴线位置偏移		尺
	垂直度		2m 靠尺
2	表面平整度		2m 靠尺和楔形塞尺
3	方正度		5m 钢卷尺、激光扫平仪
4	外门窗洞口尺寸偏差		5m 钢卷尺、激光测距仪
5	窗边大小头		5m 钢卷尺

(10)构造柱的允许尺寸偏差表如表 10.3 所示。

表 10.3 构造柱的允许尺寸偏差表

序号	项目		允许偏差(mm)	检查方法
1	柱中心线位置			用经纬仪检查
2	柱层间错位			用经纬仪检查
3	柱垂直度	每层		用吊线法检查
		≤10m		用经纬仪或吊线法检查
		＞10m		用经纬仪或吊线法检查

引导问题 13:砂浆试件标准养护条件。

(1)对于水泥混合砂浆,温度为________℃,相对湿度为________%~________%。

(2)对于水泥砂浆和微沫砂浆,温度为________℃,相对湿度为________%以上。

(3)养护期间,试件彼此间隔不小于 10mm。

引导问题 14:质量通病防治。

(1)砌筑砂浆强度不符合要求。

①通病现象:砂浆强度低于设计标号或砂浆强度波动较大,匀质性差。

②造成原因:a. 水泥质量不合格;b. 砂的含泥量大;c. 砂浆________比计量不准确;d. 加料顺序颠倒,砂浆搅拌不均匀;e. 人工拌和翻拌次数不够,砂浆搅拌不均匀;f. 水泥混合砂浆中塑化材料(如石灰膏、电石膏及粉煤灰等)的掺量超过规定用量,降低了砂浆强度;g. 在水泥砂浆中掺加微沫剂(微沫砂浆),由于管理不当,微沫剂超过规定掺用量,严重地降低了砂浆强度。

③预防措施:a. 进场水泥必须有________和________,其技术指标合格者,方可使用;b. 控制砂的含泥量,强度等级等于或大于 M5 的砂浆,砂的含泥量不应超过 5%,强度等级小于 M5 的砂浆,砂的含泥量不应超过 10%;c. 砂浆的配合比,应根据设计要求种类、强度等级及所采用的材质情况进行试配,在满足砂浆和易性的条件下控制砂浆的强度等级;d. 施工现场必须设有计量设备,以保证材料计量的准确性;e. 砂浆应采用机械拌和均匀,搅拌时间自________算起,不得少于 1.5min;f. 用砂浆搅拌机搅拌时,应分两次投料,先加入部分砂、水和全部塑化材料,通过搅拌叶片和砂子搓动,将塑化材料打开(不见疙瘩为止),再投入

其余的砂子和全部水泥。g.塑化材料一般为湿料，计量称重更为困难。由于其计量误差对砂浆强度的影响十分敏感，故应严格控制；h.不得用增加微沫剂掺量等方法来改善砂浆的和易性。

(2)砂浆和易性差、沉底结硬。

①通病现象：a.砂浆和易性差、保水性差，砌筑时铺摊和挤浆都较困难，影响砂浆与砖的黏结力，而且容易产生沉淀、泌水现象；b.灰槽中砂浆沉底结硬，无法砌筑。

②造成原因：a.低标号水泥砂浆砂粒间起润滑作用的胶结材料——水泥的用量________(少/多)，因而砂子间的摩擦力较大，砂浆和易性较差，砌砖时，挤浆压薄灰缝十分费劲。而且，由于砂子颗粒之间没有足够的胶结材料起悬浮支托作用，砂浆容易产生沉淀和表面泛水现象；b.掺入水泥混合砂浆中的塑化材料(石灰膏)的质量____________(好/差)，含有过量灰渣、杂物，或因保存不好干燥、结硬，不能很好地起到改善砂浆和易性的作用；c.水泥标号高，砂子过细，不按施工配合比计量，搅拌时间短，拌和不均匀；d.拌好的砂浆存放时间________，或灰槽中的砂浆长时间不清理，使砂浆沉底结硬；e.拌制砂浆无计划，使砂浆积剩过多，在规定使用时间内无法用完，造成剩余砂浆隔日加水捣碎拌和后继续使用。

③预防措施：a.低标号砂浆必须使用混合砂浆，如使用混合砂浆确有困难，可掺微沫剂或掺水泥用量5%～10%的粉煤灰，达到改善砂浆________性的目的；b.水泥混合砂浆中的塑化材料，应符合试验室试配时的材质要求。现场的塑化材料应存放在灰池中妥善保管，防止曝晒、风干结硬，并应经常浇水保持湿润；c.不宜选用标号过高的水泥和过细的砂子拌制砂浆，应严格执行施工配合比，保证搅拌时间；d.灰槽中的砂浆，使用时应经常用铲翻拌、清底，应将灰槽内边角处的砂浆刮净，堆于一侧继续使用，或与新拌砂浆混在一起使用；e.拌制砂浆应加强计划性，每日拌制量应根据所砌筑的部位决定，尽量做到随拌随用，少量贮存，使灰槽中经常有新拌制的砂浆。

(3)砖缝砂浆不饱满。

①通病现象：水平或竖向灰缝砂浆饱满度低于规范规定。

②造成原因：a.砌筑砂浆的________性差，直接影响砌体灰缝的密实度和饱满度；b.用干砖砌墙，使砂浆早期脱水而降低标号；c.用推尺铺灰法砌筑，有时由于铺灰过长，砌砖速度跟不上，砂浆中的水分被底砖吸收，使砌上的砖层与砂浆失去黏结；d.水平灰缝缩口太大。

③预防措施：a.改善砂浆和易性，如果砂浆出现泌水现象，应及时调整砂浆的稠度，确保灰缝的砂浆饱满度和提高砌体的黏结强度；b.砌筑用烧结普通砖必须提前________天浇水湿润，含水率宜为10%～15%，严防干砖上墙使砌筑砂浆早期脱水而降低强度；c.砌筑时要采用“三一”砌砖法，即使用大铲，一块砖、一铲灰、一揉挤的砌筑方法，严禁铺长灰而使底灰产生空穴和摆砖砌筑，造成砂浆不饱满；d.砌筑过程中应铺满口灰，然后进行刮缝。

(4)砌体结构裂缝。

①通病现象：a.砖砌体填充墙与混凝土框架柱接触处产生竖向裂缝；b.墙体顶部与梁、板底连接处出现裂缝；c.门窗洞口边墙上出现裂缝；d.顶层墙体产生水平或斜向八字裂缝。

②造成原因：a.砌体材料膨胀系数不同、收缩量比不均匀，会使伸缩变量不同，受温差影响会引起裂缝；b.砌筑时墙体顶部与梁板底连接处没有用立砖斜砌(60°)顶贴挤紧，没有分层砌筑。c.门窗洞口边墙上出现的裂缝，一般是由于洞口间墙与洞口外墙荷载差异、墙体沉

降、灰缝压缩不一而在洞口边产生________力造成的；d. 八字裂缝一般发生在平屋顶房屋顶层纵墙面上，在夏季屋顶圈梁、挑檐混凝土浇筑后，而保温层未施工前，由于混凝土和砖砌体两种材料的线胀系数不同(前者比后者约大一倍)，在较大温差情况下，纵墙因不能自由缩短而在两端产生八字斜裂。无保温层的房屋，经过冬、夏气温的变化也容易产生八字裂缝。檐口下水平裂缝、包角裂缝产生的原因与上述原因相同。

③预防措施：a. 对由不同材料组成的墙体应采取技术措施，混凝土框架柱与砖填充墙应采用__________连接加固，以解决材料收缩量比不均匀和伸缩变量不同而产生的裂缝；b. 砌筑时墙体顶部接近梁板底时，用立砖斜砌(60°)顶贴挤紧，立砖斜砌至少要在下面砌体砌完________h后进行；c. 为防止洞口边墙产生裂缝，必须在洞口上按规定设钢筋混凝土过梁，并待下面砌体沉降稳定，砂浆有一定强度后再砌洞口上面的砌体；d. 合理安排屋面保温层施工，由于屋面结构层施工完毕至做好保温层，中间有一段时间间隔，因此屋面施工应尽量避开高温季节，屋面挑檐可采取分块预制或留置伸缩缝的方法，以减少混凝土伸缩对墙体的影响。

(5)墙体渗水。

①通病现象：a. 围护墙渗水；b. 窗口与墙节点处渗水。

②造成原因：a. 砌体的砌筑砂浆不饱满，有灰缝空缝，出现毛细通道形成虹吸作用，饰面抹灰厚度不均匀，导致收水快慢不均，抹灰易产生裂缝和脱壳，分格条底灰不密实(有砂眼)，造成墙身渗水；b. 门窗洞口与墙连接密封不严，窗楣、窗台未设鹰嘴和________线，室外窗台板饰面抹灰空鼓，室外窗台板高于室内窗台板，室外窗台板未做顺水坡，而导致倒水现象；c. 窗框与墙体之间塞缝没有认真填塞和嵌抹________，窗框与墙体之间的留缝过大或过小，或窗框保护带没撕净，导致渗水；d. 孔洞堵塞不当。

③预防措施：a. 组砌方法要正确，砂浆强度要符合设计要求，坚持“三一”砌砖法；b. 对于组砌中形成的空头缝，应在装饰抹灰前将空头缝采用勾缝方法修整；c. 对于组砌的外墙，应将全部外墙勾缝；d. 饰面层应分层抹灰，分格条应在初凝后取出，注意压灰要密实，严防有砂眼和龟裂；e. 确定好门窗洞口尺寸，在安窗框前，洞口偏大的要用水泥砂浆找补至符合设计要求，洞口偏小的要凿除到设计尺寸，窗框与墙体的缝隙，对于铝合金及塑钢门窗采用发泡胶填塞，对于其他门窗采用防水砂浆分次填塞并保证密实，外窗框边应留出槽口填嵌密封胶；f. 窗楣窗台应设置鹰嘴和滴水线，窗楣鹰嘴坡度必须大于20%，室外窗台板必须低于室内窗台板________cm，并做成坡度利于顺水。室外窗台板在抹灰时要保证将窗台板清理干净并湿润，避免空鼓；g. 孔洞应用原设计的砌体材料按砌筑要求堵塞密实。对于剪力墙的对拉螺栓杆孔，宜采用防水砂浆或加 UEA 的水泥砂浆填塞，并将表面压光再刷涂两遍防水涂料。

(6)墙体留置阴槎，接槎不严。

①通病现象：砌筑时随意留槎，且多留置阴槎，阴槎部位接槎砂浆不严，灰缝不顺直。

②造成原因：a. 操作人员对留槎问题缺乏认识，习惯于留直槎，认为留退槎费事，不如留直槎方便，而且多数留阴槎，有时由于施工操作不便，如外脚手砌墙、横墙留退槎较困难，故留置直槎；b. 施工组织不当，造成留槎过多，留直槎时，漏放拉结筋，或拉结筋长度、间距未按规定执行，拉结筋部位的砂浆不饱满，使钢筋锈蚀；c. 后砌隔墙留置的阳槎(马牙槎)不正、不直，

接槎时由于咬槎深度较大(砌十字缝时咬槎深 12cm),使接槎砖上部灰缝不易________;d.退槎留置方法不统一,留置大退槎工作量大,退槎灰缝平直度难以控制,使接槎部位不顺线;e.施工洞口随意留设,运料小车将混凝土、砂浆撒落到洞口留槎部位,影响接槎质量。

③预防措施:a.在安排施工组织计划时,对施工留槎应作统一考虑。外墙大角尽量做到同步砌筑不留槎,或一步架留槎处,二步架改为同步砌筑,以加强墙角的整体性,纵横墙交接处尽量安排同步砌筑,尽量减少留槎部位;b.退槎宜采用 18 层退槎砌法,为防止因操作不熟练,使接槎处水平缝不直,可以加立小皮数杆;c.留退槎确有困难时,应留引出墙面 12cm 的直槎,并按规定设拉结筋,使咬槎砖缝由纵横墙交接处移至内墙部位,增强墙体的稳定性;d.后砌非承重隔墙,宜采取在墙面上留榫式槎的作法。接槎时,应在榫式槎洞口内先填塞砂浆,对于顶皮砖的上部灰缝,用大铲或瓦刀将砂浆塞严,以稳固隔墙,减少留槎洞口对墙体断面的削弱。

10.6 评价反馈

(1)请依据本章任务对学习成果进行自我评价,并将结果填入表 10.4。

表 10.4 学生自评表

班级: 姓名: 学号:			
学习情境	砌体工程施工		
评价项目	评价标准	分值	得分
砌筑砂浆	能区分不同砌筑砂浆的优缺点及适用范围	5	
拉结筋	理解拉结筋的作用,并能指导现场拉结筋施工	5	
准备工作	能组织完成砌体工程技术、人员、机具、作业条件等方面的准备工作	20	
砌筑	掌握砌筑方法和要求,并能组织现场进行砌体工程施工	20	
砌筑细节处理	掌握构造柱、顶砖的施工方法	5	
验收与养护	能对现场的砌体工程进行验收和养护	15	
通病防治	掌握砌筑质量通病的产因,并能对现场出现的质量通病进行处理	10	
工作态度	态度端正、谦虚好学、认真严谨	5	
工作质量	能按计划完成工作任务	5	
职业素养	能服从安排,具有较强的责任意识和工匠精神	10	
合计		100	

(2)教师根据本章任务对学生学习成果进行综合评价,并将结果填入表 10.5。

表 10.5　教师综合评价表

<table>
<tr><td colspan="6">班级：　　　　　　姓名：　　　　　　学号：</td></tr>
<tr><td colspan="2">学习情境</td><td colspan="4">砌体工程施工</td></tr>
<tr><td colspan="2">评价项目</td><td colspan="2">评价标准</td><td>分值</td><td>得分</td></tr>
<tr><td colspan="2">考勤</td><td colspan="2">无无故迟到、早退、旷工现象</td><td>10</td><td></td></tr>
<tr><td rowspan="10">工作过程</td><td>砌筑砂浆</td><td colspan="2">能区分不同砌筑砂浆的优缺点及适用范围</td><td>5</td><td></td></tr>
<tr><td>拉结筋</td><td colspan="2">理解拉结筋的作用，并能指导现场拉结筋施工</td><td>5</td><td></td></tr>
<tr><td>准备工作</td><td colspan="2">能组织完成砌体工程技术、人员、机具、作业条件等方面的准备工作</td><td>10</td><td></td></tr>
<tr><td>砌筑</td><td colspan="2">掌握砌筑方法和要求，并能组织现场进行砌体工程施工</td><td>10</td><td></td></tr>
<tr><td>砌筑细节处理</td><td colspan="2">掌握构造柱、顶砖的施工方法</td><td>5</td><td></td></tr>
<tr><td>验收与养护</td><td colspan="2">能对现场的砌体工程进行验收和养护</td><td>10</td><td></td></tr>
<tr><td>通病防治</td><td colspan="2">掌握砌筑质量通病的产因，并能对现场出现的质量通病进行处理</td><td>10</td><td></td></tr>
<tr><td>工作态度</td><td colspan="2">态度端正、谦虚好学、认真严谨</td><td>5</td><td></td></tr>
<tr><td>工作质量</td><td colspan="2">能按计划完成工作任务</td><td>5</td><td></td></tr>
<tr><td>职业素养</td><td colspan="2">能服从安排，具有较强的责任意识和工匠精神</td><td>5</td><td></td></tr>
<tr><td rowspan="3">项目成果</td><td>工作完整</td><td colspan="2">能按时完成任务</td><td>5</td><td></td></tr>
<tr><td>工作规范</td><td colspan="2">工作成果填写规范</td><td>5</td><td></td></tr>
<tr><td>成果展示</td><td colspan="2">能准确汇报工作成果</td><td>10</td><td></td></tr>
<tr><td colspan="4">合计</td><td>100</td><td></td></tr>
<tr><td colspan="2" rowspan="2">综合评价</td><td>自评(30%)</td><td>教师综合评价(70%)</td><td colspan="2">综合得分</td></tr>
<tr><td></td><td></td><td colspan="2"></td></tr>
</table>

10.7　拓展思考题

(1)砌筑砂浆的搅拌时间如何确定？采用何种搅拌方法？

(2)常见的砖砌体的组砌形式有哪几种？分别用于何种墙体？

(3)简述中小砌块的特点、种类和适用范围。

10.8 学习情境相关知识点

知识点1:冬雨季施工保证措施。

(1)冬季施工。

①砌筑用砂浆温度不可低于5℃。砂浆优先选用外加剂法,水泥采用普通硅酸盐水泥。水泥放在暖棚内。必要时用热水搅拌施工。

②对于普通砖、砌块,在砌筑前要清除表面冰雪,不得使用遭水浸和受冻的砖或砌块。

③对于砖砌体,采用“三一”砌法,灰缝不大于10mm。每日砌筑后要及时在砌筑体表面覆盖麻袋等。砌体表面不得有砂浆,并在继续砌筑前扫净砌筑面。

④在施工日记中除要记录常温外,还应记录室外空气的温度、砌筑砂浆温度、外加剂掺量等。

⑤冬季进行室内抹灰,须在室内加温,并及时将门窗封堵,必要时,用草帘将窗洞封堵,以便增加室内温度。

⑥室内涂抹砂浆时,砂浆的温度不能低于5℃。

(2)雨季施工。

①砂浆的稠度应适当减小,并应采取覆盖措施,防止雨水冲刷砂浆。

②不得使用过湿的砖和砌块,以避免砂浆流淌,影响砌体质量。雨后继续施工时,应符合砌体垂直度。

知识点2:职业健康安全。

(1)操作人员必须戴好安全帽,高处作业人员应佩戴好安全带等劳动保护用品等。

(2)现场施工临时用电必须按照施工方案布置完成并根据《施工现场临时用电安全技术规范(附条文说明)》(JGJ 46—2005)检查合格后才可以投入使用。

(3)加强宣传教育,提高施工人员环保意识,加强环保管理力度,落实环保措施。

(4)施工现场应及时清扫、洒水,防止扬尘。

(5)砂浆搅拌机污水须经过沉淀池过滤后排入市政排污管网。

(6)施工垃圾应装袋统一处理,不得随意抛撒。

(7)对于砌块的切割作业,应做好降噪措施,防止粉尘飞扬。

(8)在操作之前必须检查操作环境是否符合安全要求,道路是否畅通,机具是否完好、牢固,安全设施和防护用品是否齐全,经检查符合要求后方可施工。

(9)墙身砌体高度超过地坪1.2m以上时,搭设脚手架。在一层以上或高度超过4m时,采用里脚手架必须支搭安全网;采用外脚手架应设护身栏杆和挡脚板。

(10)脚手架上堆料量不得超过规定荷载,堆砖高度不超过3皮侧砖,同一块脚手板上的操作人员不超过2人。

(11)在楼层特别是预制板面施工时,堆放机具、砖块等物品不得超过规定荷载。如超过荷载,必须经过验算采取有效加固措施。

(12)不准用不稳固的工具或物体对脚手板进行垫高操作,更不准在未经过加固的情况下,在一层脚手架上随意再叠加一层。

(13)砍砖时面向内打,注意碎砖跳出伤人。

(14)不准站在墙顶上划线、刮缝及清扫墙面或检查大角垂直等。

(15)用于垂直运输的吊笼、滑车、绳索、刹车等,必须满足负荷要求,牢固无损。吊运时不得超载,并须经常检查,发现问题及时修理。

(16)用起重机吊砖要用砖笼,吊砂浆的料斗不能装得过满。吊件回转范围内不得有人停留,吊车落到架子上时,砌筑人员要暂停操作,并避开一边。

(17)对于砖等砌块的运输车辆,两车前后距离在平道上不小于2m,在坡道上不小于10m。装砖时要先取高处,后取低处,防止垛倒砸人。

(18)对于已砌好的山墙,应将临时用联系杆(如檩条等)放置在各跨山墙上,使其连接稳定,或采取其他有效的加固措施。

(19)如遇雨天,每天下班时,要做好防雨措施,以防雨水冲走砂浆,致使砌体倒塌。

(20)在同一垂直面内交叉作业时,必须设置安全隔板,下方操作人员必须佩戴安全帽。

(21)人工垂手往上或往下(深坑)转递砖石时,要搭递砖架子,架子的站人板宽度不小于600mm。

(22)不准勉强在超过胸部以上的墙体上进行砌筑,以免碰撞墙体使其倒塌或上石时失手使石掉下造成安全事故。

(23)对于已经就位的砌块,必须立即进行竖缝灌浆;对于稳定性较差的窗间墙、独立柱和挑出墙面较多的部位,加临时稳定支撑。在台风季节,及时进行圈梁施工,加盖楼板或采取其他稳定措施。

(24)在砌块砌筑物上,不准拉锚缆风绳,不准吊挂重物,也不准将其作为其他施工临时设施、支撑的支承点,确有需要时,应采取有效的措施。

(25)大风、大雨等异常天气之后,检查砌体垂直度是否有变化,是否产生了裂缝,是否有不均匀下沉等现象。

参考文献

[1] 钱大行. 建筑施工技术[M]. 大连:大连理工大学出版社,2021.

[2] 王军强. 混凝土结构施工[M]. 北京:高等教育出版社,2017.

[3] 建筑施工手册[M]. 5 版. 北京:中国建筑工业出版社,2012.

[4] 龚晓南. 地基处理手册[M]. 3 版. 北京:中国建筑工业出版社,2008.

[5] 中华人民共和国住房和城乡建设部. GB 51004—2015 建筑地基基础工程施工规范[S]. 北京:中国计划出版社.

[6] GB 50666—2011 混凝土结构工程施工规范[S]. 北京:中国建筑工业出版社.